● 探究式学习丛书 ●

青少年应该知道的
南北极地

木易 编著

甘肃科学技术出版社

图书在版编目（CIP）数据

青少年应该知道的南北极地／木易编著 . -- 兰州：
甘肃科学技术出版社，2012.1
　（探究式学习丛书）
ISBN 978 - 7 - 5424 - 1606 - 3

Ⅰ.①青… Ⅱ.①木… Ⅲ.①南极—青年读物②南极
—少年读物③北极—青年读物④北极—少年读物 Ⅳ.
①P941. 6 - 49

中国版本图书馆 CIP 数据核字（2011）第 279450 号

责任编辑	陈学祥	
装帧设计	林静文化	
出　　版	甘肃科学技术出版社（兰州市读者大道 568 号　0931 - 8773237）	
发　　行	甘肃科学技术出版社（联系电话：010 - 61536005　010 - 61536213）	
印　　刷	北京飞达印刷有限责任公司	
开　　本	710mm×1020mm　1/16	
印　　张	12	
字　　数	150 千	
版　　次	2012 年 3 月第 1 版　2012 年 3 月第 1 次印刷	
印　　数	1～10 000	
书　　号	ISBN 978 - 7 - 5424 - 1606 - 3	
定　　价	23. 80 元	

目　　录

第一章　认识极地

　　我们的祖先早就认识到地球气候分带。古希腊人第一次将地球分成五个带，中间赤道附近是热带，两边依次是温带和寒带。不过，他们当时把热带想象得过于炎热，认为人类不仅无法在那儿居住，甚至也不可能逾越。又把两个寒带想象得过于严酷，人类也无法在它上面

生存。但是，实际上在那之前若干万年，热带与寒带就都有人居住了。

第一节 生命的禁地

在地球上极地所指的就是地球的南北两端，即南极和北极，纬度在66.5°以上，为长年白雪覆盖的地方。终年白雪覆盖大地，气温非常低，以致于几乎没有植物生长。极地最大的特征就在昼夜长短随四季的变化而改变。

1. 冰与雪的王国

提起南北极那样的极地，最先想到的是什么，一定是寒冷，说起来，地球的南北两端也确实够冷的。为什么两极地区会比地球其他地区更为寒冷呢？原来，地球在绕太阳的轨道上以每年一周的速度公转的同时，还像一个陀螺，绕其自身的转动轴每24小时旋转一周。转动轴与地面的交点，便是地球上的两个极点。由于陀螺的特殊性质所决定，也就是它一旦转动起来，其转动轴的方向将会保持不变；只要有足够的能量，它将绕着同一个方向永远旋转下去。因此，地球总是以赤道地区对着太阳，其转动轴的方向永远指着北极星的方向。这样一来，照射到两极地区的阳光，均呈斜射。斜射的阳光照射地球的表面积要比直射时的表面积大，这时地表单位面积所能接收的太阳辐射能量，就会比直射时小得多。这就是为什么中午太阳比早晨和傍晚暖和一些的缘故，也是两极比较寒冷的根本原因。

除此而外，阳光到达地球之后，它所携带的巨大能量会被地球表面吸收。但是地球表面吸收阳光携带热量的能力是不一样的，海洋吸收的热量最多，陆地次之。而在两极地区，由于终年为皑皑冰雪所覆盖，冰雪犹如一面巨大的镜子，把阳光携带来的绝大部分能量都反射回了太空，结果如同雪上加霜，使得两极地区温度更加大大低于其他地区。天长日久的累积，这也就是地球上南北极"冰天雪地"的原因了。

被冰雪覆盖的南极和北极，因为极其恶劣的天气，所以只在北极地区有少量的爱斯基摩人居住。不过这样的环境，但却是某些耐寒动物与植物的乐园。在北极地区还有世界上面积最小的大洋——北冰洋。北冰洋的洋面上冻结成冰的海水称海冰。北冰洋面海冰的平均厚度为 3 米，冬季覆盖海洋总面积的 73%，约有 1000 万平方千米；夏季气温回升时，海冰覆盖面便会大大收缩，只约占北冰洋面的 53%，即 750 万~800 万平方千米。四季极端寒冷的中央海冰，已经持续存在了 300 万年，属"永久性"海冰。在南极洲，连同附近的岛屿在内，它的陆地面积共有 1400 多万平方千米，比欧洲或大洋洲的面积都要大。这里是地球上最大的"冰雪大陆"，几乎到处都覆盖着深厚的冰雪，白茫茫的冰原覆盖着南极洲面积的 95% 以上，冰层的平均厚度约 1700 米，最厚的地方达到 4200 米。整个南极大陆，冰的体积达2400 多万立方千米，占全球总冰量的 89%、总淡水量的 70%。冰盖的体积，几乎和大西洋的海水容积相等。你能想象有朝一日南极冰块全部溶化，将会出现什么情形吗？如果真的发生的话，全世界洋面将要上升 70 米，全世界大多数平原及全部的海港码头乃至滨海城市等，都将被海水淹没。当然，这种可怕的情形出现的几率是很小的。

现在我们已经知道了，南极的冰明显比北极多得多。同是地球的两极，纬度高低相同，太阳照射的时间长短和角度也一样，为什么南极会有如此多的冰雪呢？我们知道北极地区的北冰洋面积约 1310 万平方千米，占去了很大的面积。水的比热容大，能够吸收并贮存较多的热量再慢慢地发散出来，所以冰比南极少，冰川的总体积只及南极的 1/10，而且大部分冰积存在格陵兰岛上。而南极洲号称世界"第七大陆"，陆地储热能力不及海洋，夏季获得的有限热量，很快就辐射掉了，而且南极所环绕的海流，尽属寒流，使气候更加酷寒，所以冰

多。巨厚的冰层使南极洲的平均海拔达到 2600 米，而有着巨大的高原和高耸山脉的亚洲的平均海拔高度也只及它的 1/3，比地球上其他六大洲的平均高度要高出大约 1500 米。由于南极地势高，空气稀薄且不保暖，因而每年虽有几个月是太阳终日照射的白昼，但太阳只是在地平线上盘旋，太阳光斜射，巨大的冰原，像镜子一样，几乎将全部入射光反射出去。因而，所获的热量极少，气温并没有升高，造成终年酷寒。同是最冷月，南极平均气温为 −70℃ ～ −20℃，北极为 −40% ～20℃；同是最暖月，南极平均气温也在 0℃ 以下，而北极则在 8℃ 以下。1967 年，挪威科学考察队在南极点附近记录到 −94.5℃ 的气温，这是迄今地球上的最低气温记录。由于气候酷寒，南极的降水只能是以冰霰的形式降落下来，而且终年不化。年平均降水量不过 55 毫米，但由于气温低，蒸发弱，逐年积累，终于形成了巨大的冰原。南极由于冰储量最多而成为地球上最大的天然冰库，从而获得"冰雪王国"的美称。

2. 行动着的冰川

冰川又被称为冰河，是指大量冰块堆积形成如同河川般的地理景观。在终年冰封的高山或两极地区，多年的积雪经重力或冰河之间的压力，沿斜坡向下滑形成冰川。受重力作用而移动的冰河称为山岳冰河或谷冰河，而受冰河之间的压力作用而移动的则称为大陆冰河或冰帽。两极地区的冰川又名大陆冰川，覆盖范围较广，是冰河时期遗留下来的。冰川是地球上最大的淡水资源，也是地球上继海洋以后最大的天然水库。地球上的七大洲都有冰川。

冰川存在于极寒之地。地球上南极和北极是终年严寒的，在其他地区只有高海拔的山上才能形成冰川。我们知道越往高处温度越低，当海拔超过一定高度，温度就会降到0℃以下，降落的固态降水才能常年存在。这一海拔高度冰川学家称之为雪线。

在南极和北极圈内的格陵兰岛上，冰川是发育在一片大陆上的，所以称之为大陆冰川。而在其他地区冰川只能发育在高山上，所以称这种冰川为山岳冰川。在高山上，冰川能够发育，除了要求有一定的海拔外，还要求高山不要过于陡峭。如果山峰过于陡峭，降落的雪就会顺坡而下，形不成积雪。雪花一落到地上就会发生变化，随着外界条件和时间的变化，经过一个消融季节未融化的雪会变成完全丧失晶体特征的圆球状雪，称之为粒雪，新雪的水分子从雪片的尖端和边缘向凹处迁移，使晶体变圆的过程叫粒雪化。在这个过程中，雪逐步密实，经融化、再冻结、碰撞、压实，使晶体合并，数量减少而体积增大，冰晶间的孔隙减少，发展成颈状连接，称为密实化。积雪变成粒雪后，随着时间的推移，粒雪的硬度和它们之间的紧密度不断增加，大大小小的粒雪相互挤压，紧密地镶嵌在一起，其间的孔隙不断缩小，以致消失，雪层的亮度和透明度逐渐减弱，一些空气也被封闭在里面，这样就形成了冰川冰。粒雪化和密实化过程在接近融点的温度下，进行很快；在负低温下，进行缓慢。冰川冰最初形成时是乳白色的，经过漫长的岁月，冰川冰变得更加致密坚硬，里面的气泡也逐渐减少，慢慢地变成晶莹透彻，带有蓝色的水晶一样的老冰川冰。

冰川冰在重力作用下，沿着山坡慢慢流下，当然流的速度很慢，在流动的过程中，逐渐的凝固，最后就形成了冰川。当粒雪密度达到0.5~0.6克/厘米^{3}时，粒雪化过程变得缓慢。在自重的作用下，粒雪进一步密实或由融水渗浸再冻结，晶粒改变其大小和形态，出现定向增长。当其密度达到0.84克/厘米^{3}时，晶粒间失去透气性和透水性，便成为冰川冰。

按照冰川的规模和形态，冰川分为大陆冰盖和山岳冰川。山岳冰川主要分布在地球的高纬和中纬山地区。其类型多样，主要有悬冰川、冰斗冰川、山谷冰川、平顶冰川。大陆冰盖主要分布在南极和格陵兰岛。山岳冰川则分布在中纬、低纬的一些高山上。全世界冰川面积共有 1500 多万平方千米，其中南极和格陵兰的大陆冰盖就占去 1465 万平方千米。面积超过 1400 万平方千米的南极洲，差不多全部都被一个平均接近 1980 米厚的冰川覆盖着，其东部冰层厚度可达 4267 米。格陵兰冰盖覆盖的面积超过 180 万平方千米，实测最大厚度约 3350 米。较小的大陆冰盖常被称作冰帽或冰原。地球上有两大冰盖，即南极冰盖和格陵兰冰盖，它们占世界冰川总体积的 99%，其中南极冰盖占 90%。格陵兰约有 83% 的面积为冰川覆盖。因此，山岳冰川与大陆冰盖相比，规模极为悬殊。

巨大的大陆冰盖上，漫无边际的冰流把高山、深谷都掩盖起来，只有极少数高峰在冰面上冒了一个尖，辽阔的南极冰盖，过去一直是个谜，深厚的冰层掩盖了南极大陆的真面目。科学家们用地球物理勘探的方法发现，茫茫南极冰盖下面有许多小湖泊，而且这些湖泊里还有生命存在。

在南极和北极地区，陆地和岛屿上都覆盖着茫茫的冰盖，看上去幽远而宁静，好像永恒静止不动。实际上，由于冰雪自身的重量，陆地上冰盖会不断地向海岸方向移动，这种移动深沉缓慢而又无可阻挡，这种移动就形成了冰川，它实际上是冰雪的河流。冰河移动速度非常缓慢，但却永不停止。

冰川运动的速度，日平均不过几厘米，多的也不过数米，以致肉眼发觉不出冰川是在运动的。格陵兰的一些冰川，运动速度居世界之首，但每年也不过运动千余米而已。其他地区的冰川，象比较著名的某些阿尔卑斯山的冰川，年流速不过 80~150 米。中国冰川大多数是大陆性冰川，冰川积累不丰富，冰川上物质循环较为缓慢，因而导致冰川运动速度比较低。

冰川运动速度是有季节变化的，夏快冬慢。天山和祁连山的冰川，夏季运动速度一般要比冬季快 50%。造成这种差别的原因之一是冰川温度的变化。当冰川增温时，冰的黏度迅速减小，从 -20℃ 增高到 -1℃，冰的黏度随温度作近直线的下降。黏度减小使塑性增加，因而冰川运动速度加快。夏天冰融水出现在冰川内部及底部是促进冰川快速运动的另一个原因。

　　冰川运动速度总的来说十分缓慢。但是，有些冰川的脾气却很古怪，它们会在长期缓慢运动或退缩之后，突然爆发式地向前推进。

　　南极大陆上的冰川，总体呈盾形，中部高四周低，我们称其为盾型冰川。在重力作用下，每年大约有 1.4 万亿吨的冰滑入海中，在周围的海面上集结成广阔的陆缘冰（发源于大陆上的冰块），其总面积达 150 万平方千米。最著名的罗斯陆缘冰，其范围达到 53 万平方千米，比两个英国的面积还要大。陆缘冰断裂后就形成许多漂浮的冰山。据统计，南极附近海面上的冰山，约有 21.8 万座，相当于北冰洋冰山的 5 倍之多，其中最大的冰山长 335 千米、宽 97 千米，水面以上高度为 130 米，宛如一座冰岛。这些冰山随风和洋流向北漂移，在寒冷的季节甚至可漂到南纬 40°。

　　北极格陵兰岛内陆上冰盖的年平均移动速度是几米，而在沿海则可达 100~200 米。至于那些巨大的冰川，运动速度就大得多了。数十亿至数百亿吨的冰雪在冰川运行的山谷或低地中静静地推挤着、摩擦着、移动着，它们缓缓地、但却一往无前地向大海"流"去，最后惊天动地般崩塌入海中。在风和海流的作用下，浮冰还可叠积并形成巨大的浮冰山。有的冰山长数十千米，像一片白色的陆地横亘在暗灰的海面上，非常壮观。北冰洋形成的浮冰山与来自格陵兰岛屿的冰川及冰架形成的冰山，一起随海流进入大西洋或阿拉斯加外海，有的冰山也可向南漂移到北纬 40°。冰山重重的南北极海域，成了人们到南北极地考察和探险必须闯过的第一道难关，给人们的航海带来了极大的威胁，甚至造成了很多航海的悲剧。1912 年当时世界上最豪华的客轮"泰坦尼克"号首航时，就因撞上了一个从北冰洋漂出的冰山而沉没，造成世界航海史上著名的"冰海沉船"惨剧。

中国的冰川

中国冰川面积分别占世界和亚洲山地冰川总面积的 14.5% 和 47.6%，是中低纬度冰川发育最多的国家。中国冰川分布在新疆、青海、甘肃、四川、云南和西藏 6 省区。其中西藏的冰川数量多达 22 468 条，面积达 28 645 平方千米。中国冰川自北向南依次分布在阿尔泰山、天山、帕米尔高原、喀喇昆仑山、昆仑山和喜马拉雅山等 14 条山脉。这些山脉山体巨大，为冰川发育提供了广阔的积累空间和有利于冰川发育的水热条件。通过考察发现，中国冰川面积中大于 100 平方千米的冰川达 33 条，其中完全在中国境内最大的山谷冰川是音苏盖提冰川，面积为 392.4 平方千米，最大的冰原是普若岗日，面积达 423 平方千米，最大的冰帽是崇测冰川，面积达 163 平方千米。

3. 遥遥相望的两极

从地球仪上，人们可以发现一个有趣的现象：在南极和北极地区，海陆分布似乎恰恰相反。在南极区域，以极点为中心向外扩展的是南极洲大陆，大陆周围则是南大洋洋面；相反，在北极区域，以极点为中心向外发散的是北冰洋洋面，洋面四周几乎全为陆地或岛屿所包围。这是怎么回事呢？我们的祖先早就在考虑这个问题了。2000 多年前，古希腊哲学家亚里士多德（公元前 384 至前 322 年）就曾指出，由于地球北半球有大片陆地，为与之平衡，南半球也应当有一块大陆；而且，为了避免地球"头重脚轻"，造成大头（北极）朝下的难堪局面，北极点一带应当是一片比较轻的海洋。

近现代人类的科学考察，不但证实了亚里士多德论断的正确，而且还发现，北冰洋的平面及立体形态与南极大陆极为相似：北冰洋的面积是 1478.8 万平方千米，南极大陆的面积是 1400 万平方千米。更具体地说，北冰洋的各个地理单元甚至可以与南极的地理单元一一对应，例如：中央北冰洋各深海盆地正好对应于东南极大陆的冰下隆起高地，格陵兰海正好对应西南极的南极半岛，格陵兰岛北部正好对应于威德尔海，北地群岛、怯兰士约瑟夫地群岛正好对应于罗斯海和玛里伯德地冰下海槽。甚至北冰洋的最深处——欧亚海盆，位于斯瓦巴德群岛以北，深度为 5449 米，也正好对应于南极埃尔斯沃思山脉的文森峰，文森峰的海拔高度为 5140 米。假想一下，如果有某种超自然力量的存在，能把南极大陆和盘托起，整个儿放到北冰洋中，不大也不小，刚好合适！或者说，在地球的北极地区向南极方向给地球施加某种超自然的外力，而在地球的南极方向正好鼓起一个形态几乎完全相似的大陆——南极大陆。

当从太空望向地球时，可看到南北极的地形完全不同。南极是一块广大的陆块，面积约 1261 万平方千米，称作南极洲；而北极则是一片汪洋，面积约 1409 万平方千米，称作北极海。从数据我们可以发现它们的大小十分相近。

北极海深约 1200 米，是世界上最浅的海；相反地，南极大陆的标高则平均在 1500 米左右。南极大陆几乎都被巨大的大陆冰河所覆盖，且冰层的平均厚度约为 1700 米，最厚的地方则高达 2800 米。这里的冰占了全世界总量的 90% 左右，约为北极海冰量的 8～10 倍，如果南极洲的冰全部溶化流入海中，将会使全球的海平面上升 60～

80 米。

在极地有两种冰，海冰与冰山，他们的形成环境不同。海冰是直接在海里就结冻，所以溶化后都是咸水。相反的，冰山则是邻近海边的冰河，里头的大冰块掉入海中形成的，所以溶化后是淡水的。

南北极的动物也不尽相同：北极有北极熊；南极则有企鹅。

不过北极与南极还有许多共同之点。例如，北极冰层和南极冰帽，都是约 100 万年前笼罩地球冰期的遗迹。而在该冰期之前几十亿年的大部分时期内，两个地区的气候与全球各处一样，温暖而稳定。两极地区还会出现令人惊奇的怪异光现象，其中最有名的当数极光。

五彩缤纷的极光在地球南北两极附近地区的高空，夜间常会出现灿烂美丽的光辉，有时它像一条彩带，有时它像一团火焰，有时它又像一张五光十色的巨大银幕；它轻盈地飘荡，同时忽暗忽明，发出红的、蓝的、绿的、紫的各色光芒，静寂的极地由于它的出现骤然间显得富有生机。这种壮丽动人的景象就叫做极光。在南极地区形成的叫南极光，在北极地区也可以观察到这一样现象，相应的称之为北极光。

第二节 神秘的黎明之光

人们知道极光至少已有 2000 年了，因此极光一直是许多神话的主题。在中世纪早期，不少人相信，极光是骑马奔驰越过天空的勇士；在北极地区，因纽特人认为，极光是神灵为最近死去的人照亮归天之路而创造出来的。在英语中极光还有"黎明之光"的含义。

1. 最美丽的光

根据科学的揭示，极光是由于太阳风进入地球磁场后，在地球南北两极附近地区的高空，夜间出现的灿烂美丽的光辉。极光在南极称为南极光，在北极称为北极光。

极光多种多样，五彩缤纷，形状不一，绮丽无比，在自然界中还没有哪种现象能与之媲美。任何彩笔都很难绘出那在严寒的两极空气

中嬉戏无常、变幻莫测的炫目之光。

极光有时出现时间极短，犹如节日的焰火在空中闪现一下就消失得无影无踪；有时却可以在苍穹之中辉映几个小时；有时像一条彩带，有时像一团火焰，有时像一张五光十色的巨大银幕；有的色彩纷纭，变幻无穷；有的仅呈银白色，犹如棉絮、白云，凝固不变；有的异常光亮、掩去星月的光辉；有的又十分清淡，恍若一束青丝；有的结构单一，状如一弯弧光，呈现淡绿、微红的色调；有的犹如彩绸或缎带抛向天空，上下飞舞、翻动；有的软如纱巾，随风飘动，呈现出紫色、深红的色彩；有时极光出现在地平线上，犹如晨光曙色；有时极光如山茶吐艳，一片火红；有时极光密聚一起，犹如窗帘幔帐；有时它又射出许多光束，宛如孔雀开屏，蝶翼飞舞；有时极光闪耀在天幕中央，仿佛上映一场球幕电影。

许多世纪以来，这一直是人们猜测和探索的天象之谜。从前，爱斯基摩人以为那是鬼神引导死者灵魂上天堂的火炬。13世纪时，人们则认为那是格陵兰冰原反射的光。到了17世纪，人们才称它为北极光——北极曙光。

小百科

中国的极光传说

相传公元前两千多年的一天，夜来临了。随着夕阳西沉，夜已将它黑色的翅膀张开在神州大地上，把远山、近树、河流和土丘，以及所有的一切全都掩盖起来。一个名叫附宝的年轻女子独自坐在旷野上，她眼眉下的一湾秋水闪耀着火一般的激情，显然是被这清幽的夜晚深深地吸引住了。夜空像无边无际的大海，显得广阔。安详而又神秘。天幕上，群星闪闪烁烁，静静地俯瞰着黑魆魆的地面，突然，在大熊星座中，飘洒出一缕彩虹般的神奇光带，如烟似雾，摇曳不定，时动时静，像行云流水，最后化成一个硕大无比的光环，萦绕在北斗星的周围。其时，环的亮度急剧增强，宛如皓月悬挂当空，向大地泻下一片淡银色的光华，映亮了整个原野。四下里万物都清晰分明，形影可见，一切都成为活生生的了。附宝见此情景，心中不禁为之一动。由此便身怀六甲，生下了个儿子。这男孩就是黄帝轩辕氏。以上所述可能是世界上关于极光的最古老神话传说之一。

随着科技的进步，我们也越来越了解极光的奥秘了。在 18 世纪中叶时，瑞典一家地球物理观象台和伦敦地磁台的科学家同时发现，当观测到极光的时候，地面上的罗盘的指针会出现不规则的方向变化。由此他们认为，极光的出现与地磁场的变化有关。原来，极光是"太阳风"与地球磁场相互作用的结果。太阳风是太阳向其周围空间放射能量的一种形式，它是一种可以覆盖地球的强大的带电粒子颗粒流，能够像"风"一样的运动，因而得名。太阳风在地球上空环绕地球流动，以大约每秒 400 千米的速度撞击地球磁场，磁场使该颗粒流偏向地磁极。地球磁场形如"漏斗"，尖端分别对着地球的南北两个磁极，因此太阳发出的带电粒子沿着地磁场这个"漏斗"降落而进入地球的两极地区。两极的高层大气，受到太阳风的"轰击"后会发出光芒，这就形成极光。高层大气是由多种气体组成的，不同元素的气体受到太阳风的轰击后所发出的光的颜色是不一样的，例如氧被轰击后发出绿光和红光、氮被轰击后发出紫色的光、氩被轰击后则发出蓝色的光，因而极光就显得绚丽多彩，变幻无穷。

同时，科学研究还发现，地球磁场并不是对称的。在太阳风的

"吹动"下，它已经变成某种"流线型"。也就是说朝着太阳一面的磁力线（用来表示地球磁场的一种假设曲线）被大大压缩，相反方向却拉出一条长长的，形似彗星尾部的地球磁尾。磁尾的长度至少有1000个地球半径长。由于与日地空间行星际磁场的相互作用，变形的地球磁场的两极高处各形成一个狭窄的、磁场强度很弱的极尖区。因为等离子体具"冻结"磁力线的特性，所以，太阳风粒子不能穿越地球磁场，而只能通过极尖区进入地球磁尾。这些带电粒子被磁场加速后，沿磁力线运动。从极区向地球注入，这些带电粒子撞击高层大气中的气体分子和原子，使分子和原子被激发而发光。不同的分子，原子发生不同颜色的光，这些单色光混合在一起，就形成多姿多彩的极光。事实上，人们看到的极光，主要是带电粒子流中的电子造成的。而且，极光的颜色和强度也取决于降落粒子的能量和数量。可以打这样一个形象比喻，极光活动就像磁层活动的实况电视画面，沉降粒子为电视机的电子束，地球大气为电视屏幕，地球磁场为电子束导向磁场。科学家从这个天然大电视中就可以得到磁层以及日地空间电磁活动的大量信息。

小百科

国外的极光传说

极光这一术语来源于拉丁文伊欧斯一词。传说伊欧斯是希腊神话中"黎明"，指的是晨曦和朝霞的化身，是希腊神泰坦的女儿，是太阳神和月亮女神的妹妹，她又是北风等多种风和黄昏星等多颗星的母亲。极光还曾被说成是猎户星座的妻子。在艺术作品中，伊欧斯被说成是一个年轻的女人，她不是手挽个年轻的小伙子快步如飞地赶路，便是乘着飞马驾挽的四轮车，从海中腾空而起；有时她还被描绘成这样一个女神，手持大水罐，伸展双翅，向世上施舍朝露，如同中国佛教故事中的观音菩萨，普洒甘露到人间。爱斯基摩人认为极光是鬼神引导死者灵魂上天堂的火炬，原住民则视极光为神灵现身，深信快速移动的极光会发出神灵在空中踏步的声音，将取走人的灵魂，留下厄运。

2. 极光是太阳的杰作

极光不仅是个光学现象，而且是个无线电现象，可以用雷达进行探测研究，它还会辐射出某些无线电波。有人还说，极光能发出各种各样的声音。极光不仅是科学研究的重要课题，它还直接影响到无线电通信，长电缆通信，以及长的管道和电力传送线等许多实用工程项目。极光还可以影响到气候，影响生物学过程。当然，极光也还有许许多多没有解开的谜。极光被视为自然界中最漂亮的奇观之一。如果我们乘着宇宙飞船，越过地球的南北极上空，从遥远的太空向地球望去，会见到围绕地球磁极存在一个闪闪发亮的光环，这个环就叫做极光卵。由于它们向太阳的一边有点被压扁，而背太阳的一边却稍稍被拉伸，因而呈现出卵一样的形状。极光卵处在连续不断地变化之中，时明时暗，时而向赤道方向伸展，时而又向极点方向收缩。处在午夜部分的光环显得最宽最明亮。长期观测统计结果表明，极光最经常出现的地方是在南北磁纬度67°附近的两个环带状区域内，分别称作南极光区和北极光区。在极光区内差不多每天都会发生极光活动。在极光卵所包围的内部区域，通常叫做极盖区，在该区域内，极光出现的机会反而要比纬度较低的极光区来得少。在中低纬地区，尤其是近赤道区域，很少出现极光，但并不是说压根儿观测不到极光。1958 年 2 月 10 日夜间的一次特大极光，在热带都能见到，而且显示出鲜艳的红色。这类极光往往与特大的太阳耀斑暴发和强烈的地磁暴有关。在寒冷的极区，人们举目瞭望夜空，常常见到五光十色，千姿百态，各种各样形状的极光。毫不夸大地说，在世界上简直找不出两个一模一样的极光形体来，从科学研究的角度，人们将极光按其形态特征分成五种：一是底边整齐微微弯曲的圆弧状的极光弧；二是有弯扭折皱的飘带状的极光带；三是如云朵一般的片朵状的极光片；四是面纱一样均匀的帐幔状的极光幔；五是沿磁力线方向的射线状的极光芒。

极光形体的亮度变化也是很大的，从刚刚能看得见的银河星云般的亮度，一直亮到满月时的月亮亮度。在强极光出现时，地面上物体的轮廓都能被照见，甚至会照出物体的影子来。最为动人的当然是极光运动所造成的瞬息万变的奇妙景象。翻手为云，覆手为雨，变化莫测，而这一切又往往发生在几秒钟或数分钟之内。极光的运动变化，是自然界这个魔术大师，以天空为舞台上演的一出光的话剧，上下纵横成百上千千米，甚至还存在近万千米长的极光带。这种宏伟壮观的自然景象，好像沾了一点仙气似的，颇具神秘色彩。令人叹为观止的则是极光的色彩，早已不能用五颜六色去描绘。说到底，其本色不外乎是红、绿、紫、蓝、白、黄，可是大自然这一超级画家用出神入化的手法，将深浅浓淡、隐显明暗一搭配、一组合，好家伙，一下子变成了万花筒啦。根据不完全的统计，目前能分辨清楚的极光色调已达160 余种。极光这般多姿多彩，如此变化万千，又是在这样辽阔无垠的穹窿中、漆黑寂静的寒夜里和荒无人烟的极区，此情此景，此时此刻，面对五彩缤纷的极光图形，没有人会不心醉神往。无怪乎在许许多多的极区探险者和旅行家的笔记中，描写极光时往往显得语竭词穷，只好说些"无法以言语形容"、"再也找不出合适的词句加以描绘"之类的话作为遁词。是的，普通的美丽、壮观、奇妙等字眼在极光面前均显得异常的苍白无力，可以说，即使有生花妙笔也难述说极光的神采、气势、秉性脾气于万一。

其实地球上这美丽的光是太阳赐予的。极光的形成与太阳的活动息息相关，因而在太阳活动盛期，可以看到平常更为壮观的极光景象，有时还会延伸到中纬度地带。例如在美国，极点以南到北纬40°处还曾见过北极光。2000年4月6日晚，在欧洲和美洲大陆的北部，出现了极光景象。在地球南北半球一般看不到极光的地区，甚至在美国南部的佛罗里达州和德国的中部及南部广大地区也出现了极光。当天晚上，红、蓝、绿相间的光线布满夜空中，场面极为壮观。虽然这是一件难得一遇的幸事，但在往日平淡的天空突然出现了绚丽的色彩，在许多地区还造成了恐慌。这次极光现象被远在160千米高空的观测太阳的宇宙飞行器 ACE 发现，并发出了预告。在北京时间4月7日凌晨0时30分，宇宙飞行器 ACE 发现一股携带着强大带电粒子的太阳风从它旁边掠过，而且该太阳风突然加速，速度从每秒375千米提高到每秒600千米，1小时后，这股太阳风到达地球大气层外缘，为我们显示了难得一见的造化神工。

3. 极光的万千变化

极光呈发光的帷幕状、弧状、带状和射线状等多种形状。发光均匀的弧状极光是最稳定的外形，有时能存留几个小时而看不出明显变化。大多数其他形状的极光通常总是呈现出快速的变化。弧状的和折叠状的极光的下边缘轮廓通常都比上端更明显。极光最后都朝地极方向退去，辉光射线逐渐消失在弥漫的白光天区。大多数极光出现在地球上空 90~130 千米处。但有些极光要高得多。1959 年，一次北极光所测得的高度是 160 千米，宽度超过 4800 千米。在地平线上的城市灯光和高层建筑可能会妨碍我们看光，所以最佳的极光景象要在乡间空旷地区才能观察得到。在加拿大的丘吉尔城，一年有 300 个夜晚能见到极光；而在罗里达州，一年平均只能见到 4 次左右。中国最北端的漠河，也是观看极光的好地方。18 世纪中叶，瑞典一家地球物理观象台的科学家发现，当该台观测到极光的时候，地面上的罗盘的指针会出现不规则的方向变化，变化范围有 1°之多。与此同时，伦敦的地

磁台也记录到类似的这种现象。由此他们认为，极光的出现与地磁场的变化有关。

长期以来，极光的成因机理未能得到满意的解释。在相当长一段时间内，人们一直认为极光可能是由以下三种原因形成的。一种看法认为极光是地球外面燃起的大火，因为北极区临近地球的边缘，所以能看到这种大火。另一种看法认为，极光是红日西沉以后，透射反照出来的辉光。还有一种看法认为，极地冰雪丰富，它们在白天吸收阳光，贮存起来，到夜晚释放出来，便成了极光。总之，众说纷纭，无一定论。直到 20 世纪 60 年代，将地面观测结果与卫星和火箭探测到的资料结合起来研究，才逐步形成了极光的物理性描述。

2001 年 10 月 22 日，科学家借用美国航空航天局（NASA）的"极"航天器成功拍摄到记录地球南北极两端同时出现美丽极光景象的图片。这是人类第一次如此清晰地拍摄到南、北两极"同放光彩"的景象。这组图片记录了地球南北两端极光区扩大、变亮的过程，验证了近 3 个世纪以来未能证实的南北极光互成映像（即两者有很强的相似性）理论。

第三节　奇妙的南北极

我们该怎样去理解南极与北极的关系呢，它们就像是阴阳两极互补的关系一样，但是却又不尽相同。南极与北极一直以来给予人类的印象都是神秘莫测的，在没有完全折服这两片地域之时，关于南北极的种种，人们还只能是处于揣测与构想中。根据人类现有的认知可知道南极地区大部分是由海洋包围的大陆，面积约1400万平方千米；北极地区大部分为欧亚、北美大陆包围的海洋，面积约为1310万平方千米。南极大陆平均高度约2350米，其中超过3000米的约占南极大陆面积的25%，最高约4000米。因而在大陆的中心和边缘地区就有很大的温度差，平均温差约3℃，在4月份可差约55℃。北极主要区域为海洋，因而地区温差不大，一般不超过10℃。同时这两个地区还存在着大量地球其他地区所不具备的天象。

1. 极昼与极夜的漫长时光

极昼和极夜只会出现在南极圈和北极圈，当南极出现极昼的时候，北极就出现极夜，反之一样。因为地球转动是倾斜的，所以在夏、冬季的时候，地球转动时，北极朝向太阳，尽管地球怎样转，也总是朝向太阳，所以就出现极昼了，反之一样。而南极圈和北极圈是对立的，所以北极出现极昼时，南极就出现极夜了，反之也一样。极昼和极夜只会出现在夏季和冬季。在南极与北极地区，经常见到极昼和极夜现象，而且越接近极点的区域这种现象越明显。在那里，一年的时光，仿佛只有一天一夜。其白天和黑夜之间的交替有它自己的特殊节奏：午夜可能日光普照，而中午也可能黑暗笼罩。这些地区一年之中只有部分时间有太阳。各地区的极昼或极夜期的长短取决于其所在地纬度：北纬和南纬90°处（南北极点处）为6个月；南北纬80°处约为4个月；南北纬70°处约为2个月；南北纬66°（极圈）处为

24 小时。

　　极昼又称永昼或午夜太阳，是在地球的两极地区，一日之内，太阳都在地平线以上的现象，即昼长等于 24 小时。所谓极昼，就是太阳永不落，天空总是亮的，这种现象也叫白夜；所谓极夜，就是与极昼相反，太阳总不出来，天空总是黑的。在南极洲的高纬度地区，那里没有"日出而作，日落而息"的生活节律，没有一天 24 小时的昼夜更替。昼夜交替出现的时间是随着纬度的升高而改变的，纬度越高，极昼和极夜的时间就越长。在南纬 90°，即南极点上，昼夜交替的时间各为半年，也就是说，那里白天黑夜交替的时间是整整一年，一年中有半年是连续白天，半年是连续黑夜，那里的一天相当于其他大陆的一年。如果离开南极点，纬度越低，不再是半年白天或半年黑夜，极昼和极夜的时间会逐渐缩短。

到了南纬 80°，也有极昼和极夜以外的时候才出现一天 24 小时内的昼夜更替。如果处于极昼的末期，起初每天黑夜的时间很短暂，之后黑夜的时间越来越长，直至最后全是黑夜，极夜也就开始了。而在南极圈，一年当中仅有一个整天全是白天和一个整天全是黑夜。中国南极长城站处在南极圈外，在 12 月份的深夜一二点钟，天空仍然蒙蒙亮，眼力好的可以看书写字。极昼和极夜的这种自然现象在地球的另一极北极也同样出现，不过它出现的时间同南极正好相反，北极若处在极昼，则南极为极夜，反之亦然。

极昼与极夜的形成，是由于地球在沿椭圆形轨道绕太阳公转时，还绕着自身的倾斜地轴旋转而造成的。原来，地球在自转时，地轴与其垂线形成一个约 23.5° 的倾斜角，因而地球在公转时便出现有 6 个月时间两极之中总有一极朝着太阳，全是白天；另一个极背向太阳，全是黑夜。南、北极这种神奇的自然现象是其他大洲所没有的。

当发生"北极昼"时，每天二十四小时始终是白天，街上的路灯都是通夜不亮的，汽车前的照明灯也暂失去了作用。家家户户的窗户上都低垂着深色的窗帷，这是人们用来遮挡光线的。

可是，当"北极夜"到来的时候，那里又是另一番景象了。在漫漫长夜中，除中午略有光亮外，白天也要开着电灯。因为在"北极夜"里，太阳始终不会升上地平线来，星星也一直在黑洞洞的天空闪烁。一年中有半个月的时间，可以看见或圆或缺的月亮整天在天际四周旋转。北极地区的生活环境是十分单调的，一年之中半年极昼、半年极夜的现象扰乱了人们的生理时钟。极昼期间，白天难以入睡，所以北极土著居民有睡眠少的特点；冬季长夜漫漫，人们的活动以室内为主，经常关在屋里的人会患上"室内热症"。当然现在的现代文明为北极地区的居民提供了舒适温暖的生活——窗外 -30℃，人们可以在室内温水游泳池游泳，在体育馆打篮球、排球，孩子们可以玩电子游戏机；卫星通讯技术的发展，同样使北极地区的居民每天晚上安然地收看自己喜爱的节日；直升机忙于运送各种物资，把你载到你想去的地方。当然，现在这里的生活还是十分艰苦，在未来的岁月里人类还要努力解决许多问题。

生存于南极洲种类不多的生物，有着奇特的环境适应能力。主要表现在耐黑暗、抗低温、耐高盐、抗干燥等方面。在漫长的极夜里，南极洲的生物主要通过变换自身的颜色、改变代谢方式、休眠等办法求得生存。在维多利亚地的一个淡水湖里，有一种"湖藻"能忍受4个月的极夜，在极夜来临前，它能充分利用白昼的阳光，高效率地进行光合作用，合成大量的有机物，这些有机物除供它生长发育外，还将剩余部分排到体外，贮存在它生活的水环境中。在极夜期间，它就停止光合作用，并吸收它释放出来的有机物，维持最低限度的代谢，就能发育生长。有一种名叫轮虫的生物，它可以不吃不喝地休眠4个月，度过漫长的极夜。还有一种名叫"冰雪藻"的生物，有阳光时，它变成绿色，黑暗时变成蓝绿色，依靠这变换，吸收不同波长的光进行光合作用而生存下去。

由于存在着极昼和极夜，在漫长的白天，动物们必须积累足够的能量，从而不停地进食，并且还要高效率的养育后代，这样当永夜来临时，除部分迁徙到南方去的动物外，那些留下来的动物便可以度过最为艰难的时期。

2. 降水稀少的南北极

南北极蕴含着丰富的水资源，不过大多不是以液态的水形式存在的，而是固态的冰川或者海冰的形式存在着，虽然有着丰富的水藏，不过令人惊讶的是，世界最大的冰雪之库的两极地区，年降水量竟和沙漠干旱地区一样的少。南北极大部分地区年降水量都少于 200 毫米，中心地区更少：北极在 100 ～ 150 毫米、南极在 50 毫米以下。南极点年降水量只有 10 毫米，东方站 27 毫米，高原站 42 毫米，和中国吐鲁番、塔里木和柴达木盆地等干旱沙漠地区相仿。然而，因为南极气温极低，几乎没有蒸发，据多数科学工作者计算结果，认为南极高原的冰雪总量近期还在缓慢地增长。

南北极地区的季节有它们自己的特殊周期：冬天漫长，夏天短暂。太阳光以低角度斜射下来，并在穿越厚厚的大气圈以后才到达地面。由于这个原因，太阳光的热量已经所剩无几，而且部分又被冰雪反射了，所以冬季也是最寒冷的时期，在格陵兰记录到的温度绝对最低值是 −70℃。最热月份的平均温度只有 10℃。那里的地面总是处于冻结状态，极端的寒冷使得岩石不断的崩裂。

南北极的降雨量虽然不多，但是这里却有"无云降水"。在无风的极夜中，如果向天空打开手电筒，就常常会看到空中有无数的极细微的冰晶在缓慢降落，时间久了，地面上就积成一层"白霜"。有时可以遇到颗粒比较大的冰晶粒随风而降，漫天飞舞的冰晶在阳光中闪烁着五颜六色的光彩，使人感到像是处在五光十色的神话世界里，感觉也飘然起来，这就是著名的"钻石尘"。由于冰晶云的折射，有时还可以看到奇妙的幻日现象。在太阳的左边、右边和上边，同时又出现 3 个比较小一点的太阳，令人惊异万分，还以为回到了后羿的年代。由于冰晶云的散射作用，在北极还常常可以看到大气晖光，整个天空被淡红、绛紫、橙黄等各种鲜艳的颜色装扮起来，显得格外美丽。

因为两极地区的大气中，水汽含量都很少，降水量也比较小。北极地区年降水量约 200 毫米；南极中部高原地区年降水量约为 50 毫米，全大陆年降水量自沿海向内陆剧减。北极地区地面附近，冬季为稳定的高压区，盛行东风；夏季常有低气压侵袭，风向不定。南极地区外围（南纬 50°～65°）为一气旋带，所以南纬 65° 以北多为偏西风，以南多为偏东风，天气终年大都少云或晴朗。

但是由于南极地区中东部为高原并且存在强烈的逆温层，在南极中部下沉的近地层空气沿高原下滑流向南极大陆沿海，形成南极有名的"下吹风"。在它的影响下，南极地区大气流场十分奇特，冬季风速平均达 9.0～12.5 米/秒，夏季平均为 4.9～9.0 米/秒，越接近大陆边缘，风速越小，但当气旋侵入南极大陆时，风速可达 20 米/秒，冬季的风速可达 40 米/秒，引起大规模吹雪，能见度在 1 千米以下。

小百科

季风有别称

季风，在中国古代有各种不同的名称，如信风、黄雀风、落梅风。在沿海地区又叫舶风，所谓舶风即夏季从东南洋面吹至中国的东南季风。由于古代海船航行主要依靠风力，冬季的偏北季风不利于从南方来的船舶驶向大陆，只有夏季的偏南季风才能使它们到达中国海岸。因此，偏南的夏季风又被称作舶风。当东南季风到达中国长江中下游时候，这里具有地区气候特色的梅雨天气便告结束，开始了夏季的伏旱。北宋苏东坡《船舶风》诗中有"三时已断黄梅雨，万里初来船舶风"之句。在诗引中他解释说："吴中梅雨既过，飒然清风弥间；岁岁如此，湖人谓之船舶风。是时海舶初回，此风自海上与舶俱至云尔。"诗中的"黄梅雨"又叫梅雨，是阳历六月至七月初长江中下游的连绵阴雨。"三时"指的是夏至后半月，即七月上旬。苏东坡诗中提到的七月上旬梅雨结束，而东南季风到来的气候情况，和现在的气候差不多。

3. 极地气候谈

北极地区气象考察始于 17 世纪。南极地区从 18 世纪南极大陆被发现以来，各国就进行了间断的小规模探险活动，获得了南极地区一些有关气温和风速的记录。在 1957～1958 年国际地球物理年对南极进行大规模的考察之后，对南极大陆开始了比较系统的气象观测研

究。中国也于 1985 年在南极建立了中国南极长城气象观测站，主要研究极地的气象问题，如天气预报等。

两极地区均为冰区，北极平均冰界约在北纬 72°，南极约在南纬 63°。北极地区的冰雪，夏季可以大量融化，而南极大陆有 97% 终年被冰雪覆盖，平均厚度可达 1700 米。其海冰区域还会随着季节发生很大的变化，3 月海冰区最小，约为 500 万平方千米，冰界可达南纬 70°；9 月冰区范围最大，约为 2000 万平方千米，冰界可达南纬 57°附近。这些特点影响了南北极的辐射、近地面风系以及温度变化。

两极地区接受的太阳辐射少，就地表和大气系统而言，极区有大量的热量丧失。极区近地面冷空气组成的冷高压向中纬度地区运动，中纬度高空暖性高压向极区运动，通过这种方式进行热量交换，使极区得到来自中纬度地区的热量。高空大气自中纬度地区流向极地之后下沉，从低空流出极区。此外，由于冰雪的反射率大，地面长波的有效辐射也因晴天多而增加，所以近地面气层强烈冷却，从而在极区近地面层形成了一个强逆温层，其厚度可达 1 千米。这种现象在南极大陆尤其显着，每上升 30 米，温度可增加 15℃ ~ 20℃。而且由于辐射损失的热量远大于吸收的热量，两极地区的气温都特别低。北极地区近地面的气温比南极温和，分布也比较均匀，1 月极区约 -32℃，7 月约 -2℃；南极地区气温则随地势高低而变化，其东半球部分的地势高，气温低，年平均气温可低达 -57.5℃。挪威在南极点附近测到的最低气温则达到了 -94.5℃，这也是目前的世界最低温记录。

北极夏季的半年，在北纬 85°处常有层状云覆盖，这是一种高度低于 1 千米、厚度 350 ~ 500 米的低云，它虽减弱了来自太阳的短波折射，但却更加大大减少了地面的有效辐射，使地面增暖，所以北极地区近地面气层夏季的温度较高，冬季则不然，天空大都晴朗，地面的有效辐射增加，使地面降温。

南北极大对调

地球的南北方向不是一成不变的。地球的极性平均每 25 万年改变一次。最新的研究表明：根据纬度的不同，极性变化的持续时间是 2000 年到 11 000 年。

据德国目前的研究显示，极性变化过程发生在 1000 年到 30 000 年这个较长的时间段内。此外，对不同纬度的 30 个海洋沉积物质的最新分析显示，这个时间段可以减小到平均 7000 年，在赤道附近大约需要 2000 年，而在极地附近则需要 11 000 年。地球极地变迁的奥秘到现在还没有被完全解开。大部分科学家认为，地球极性是由离地面 3000 到 5000 千米的地核外层的液态铁旋转形成的。而这个理论在一些人看来也还是站不住脚的。

现在清楚的是，地球磁场保护地球免受太阳风暴的袭击，其作用远超过地球大气层的范围。许多候鸟按照地球磁力线指引方向。人类目前还没有看到地球极点移动所造成的后果。

这项最新的研究显示了地球极性变化的非线性特征。在地球的两个大的南北极点形成之前，地球表面可能存在着许许多多微小极点。所以，在地球极性变化期间指南针在不同位置的指向应该也完全不同。地球磁场强度在过去 2000 年里减小了，仅在过去的 150 年内就减小了 10%。按照科学家的结论，这也许表明地球将迎来新一轮的极性变化。但科学家们也宣称这项预测只是一种纯粹的假设。他们对结果并不知晓。如果地球的南北极平均 25 万年改变一次极性的话，那么我们目前所得到的线索是很不清楚的。

4. 飞旋的气流

平流层，冬夏均为气旋式环流，称为极涡。在北半球，由于大陆分布不均匀，极涡经常不在北极中心，而偏于北美大陆或欧亚大陆，引起这些地区偏冷。南极则由于中心是大陆，周围是海洋，海陆分布比较均匀，所以极涡几乎无偏心现象，中心位置比较稳定。

平流层内，冬季为极涡，但夏季则为一巨大的反气旋所控制。冬季在极涡外围的极夜线附近，平流层内存在一支强大的急流，称为"极夜急流"。两极自冬到夏的环流变化比较剧烈。每年冬末，极区平流层有数次突然增温，随之极涡和极夜急流崩溃，在一个较短时间内，反气旋环流控制极区，并逐渐向中、低纬度地区扩展，到5月已控制整个半球，相对而言，北极的"爆发性增温"比南极地区要剧烈得多。

南极大陆高压的周围，常年存在着许多极地气旋，这些极地气旋有规律地自西向东移动，是影响南极地区的主要天气系统之一。罗斯海、威德尔海、别林斯高晋海和普里兹湾等海区，均为气旋生成和消失的高频区。

按气旋移动和影响天气的特点，可将其路径分为正面影响南极半岛的北端路径、偏南路径和偏北路径三类。气旋活动有明显的季节性变化。夏季气旋活跃、气旋数偏多；冬季偏少；过渡季节接近平均数。南极冬季来临时，总有几次强冷空气的爆发，偏北路径气旋数增多。极地气旋的平均移速约为每小时 29.9 千米，平均每天移 14.4 个经度，在过渡季节移速明显加快。在气旋移至南极半岛西侧时，移速有所减慢。在别林斯高晋海和威德尔海常出现回旋或停滞，而穿过南极半岛时移速加快，常出现跳跃现象，穿过德雷克海峡时移速更快。在利用卫星云图对气旋活动特征的分析中发现，南极地区气旋在云图上反映出螺旋结构和锋面云系的基本特点，与北半球基本相似。

在天气资料十分稀少的南大洋，有些气旋在天气图上并不清楚，但在卫星云图上，螺旋云系的特征却十分清晰。

有了极地气旋也会有极地的反气旋。极地反气旋也称极地高压。极区及其附近地区移动缓慢的冷性高压。它是极地下垫面长期辐射冷却所形成的。在北半球，暖季多形成于北极地区，冷季多形成于西伯利亚和加拿大地区。极地反气旋只出现在对流层下部，其垂直厚度仅可高达对流层中部。根据静力学关系，其强度随高度而减弱，到对流层中部以上，则转为极地气旋。

小百科

土星的极地气旋

那萨号宇宙飞船拍摄的新照片显示了土星两极存在巨大的气旋。由于北极地区处于冬季，新发现的北极气旋只能通过近红外波长观察到。土星北极类似漩涡的气旋旋转速度为 530 千米/小时，超过地球上最强气旋风速的两倍。该气旋被一个奇怪的，类似蜂巢状的，看似并不运动的六边形环绕着，六边形内部上空的云层也以 500 千米/小时的速度运动。更奇怪的是，快速运动的云团和新的气旋似乎都不会分裂六边形的六条边。南极地区也有类似巨大气旋。与地球上的被海洋中的水和热驱动的气旋不同，土星气旋底部并没有水，但两者都有相似的气眼壁。

5. 平静的无震区

地震，已经成为地球的首席灾害。据世界各国记载的最新统计数字表明，全球每年发生的地震达 100 万次，但绝大部分属于里氏 2 级以下的微震，人们感觉不到。而强度在里氏 2 级以上的地震，全世界每年可记录到 1 万~2 万次，强度在里氏 6 级以上的大地震，则平均每年要发生 100 次左右。

地震，是地球内部发生的急剧破裂产生的震波，在一定范围内引起地面振动的现象。地震就是地球表层的快速振动，在古代又称为地动。它就像海啸、龙卷风、冰冻灾害一样，是地球上经常发生的一种自然灾害。大地振动是地震最直观、最普遍的表现。在海底或滨海地区发生的强烈地震，能引起巨大的波浪，称为海啸。地震是极其频繁的，全球每年发生地震约 550 万次。地震常常造成严重人员伤亡，能引起火灾、水灾、有毒气体泄漏、细菌及放射性物质扩散，还可能造成海啸、滑坡、崩塌、地裂缝等次生灾害。

在地震史上，地球的南、北极地区还从未发生过任何级别的地震，这一奇异的地质现象一直是地质学界的一个未解之谜。

美国的科学家经过 30 多年的观测研究认为，巨大的冰层是造成南极大陆和北极的格陵兰岛内陆地区没有发生过任何地震的主要原因。据多年观测统计，南极大陆和格陵兰岛的冰雪覆盖面分别达到

90%和80%，且冰层厚度大。由于冰层的压力，其底部岩层几乎处于"熔融"状态，同时由于冰层面积大且分量重，在垂直方向产生强烈的压缩，而这种冰层形成的巨大压力，与岩层构造的挤压力达到了平衡，因而不会发生倾斜和弯曲，所以分散和减弱了地壳的形变，因而南北极不可能发生地震。

第二章 冰雪覆盖的净土——北极

地球上的北极，自然环境的确是严酷而恶劣的，那白色世界凛然无际的威严，令人肃然起敬，望而生畏。但是，北极又具有举世无双的雄浑壮丽景色，它亘古绝伦的美丽，使人如醉如痴，毕生难忘。

北极原本远离尘世的喧嚣，保持着最原始的纯洁和安静，但自从人类进入了工业文明时代，它们的命运便发生了巨大的改变。在资源短缺、环境污染、全球气候变化等问题日益严重的今天，资源丰富、对气候变化最为敏感的地球南、北两极，成为人们越来越关注的焦点。

究竟是谁发现了北极？它又为何频频吸引人类的目光？它到底属于谁？它那里隐藏着怎样的秘密？它的未来又将走向哪里？

第一节 寻找北极

北极是指北纬 66°34′以北的广大区域，也叫做北极地区。北极地区包括极区北冰洋、边缘陆地海岸带及岛屿、北极苔原和最外侧的泰加林带。如果以北极圈作为北极的边界，北极地区的总面积是2100万平方千米，其中陆地部分占800万平方千米。也有一些科学家从物候学角度出发，以7月份平均10℃等温线作为北极地区的南界，这样，北极地区的总面积就扩大为2700万平方千米，其中陆地面积约1200万平方千米。而如果以植物种类的分布来划定北极，把全部泰加林带归入北极范围，北极地区的面积就将超过4000万平方千米。北极地区究竟以何为界，环北极国家的标准也不统一，不过一般人习惯于从地理学角度出发，将北极圈作为北极地区的界线。

1. 北极在哪里

大多数历史学家认为，文明人类将目光投向北极，最早是从古希腊开始的。据说北极圈首先是由古希腊人确定出来的。2000多年前，生活在地中海沿岸的古希腊人，经过长时间的天象观测之后终于发现，天上的星星可以分成两组：其中一组处在世界的北方，一年到头都能看得见，而且它们都有固定的轨道，围绕着天上的一颗星星旋转，这颗星就是北极星；而另外一组则在天顶附近及偏南的位置，它们只是随着季节周期性地循环出现，并不是随时可以看到的。这两组星星之间的分界线，是由大熊星座所划出来的一个圆。这个圆正好与地球赤道平行，在地球经纬66°33′处，它便被称为"北极圈"。我们常说的北极，就是北极地区，它是指北极圈以北的区域，包括北冰洋和周围的陆地、岛屿，总面积2100万平方千米，其中有800万平方千米为陆地和岛屿。

事实上，毕达哥拉斯和他的学派极端鄙视大地是正方形或者矩形

的说法，他们的哲学思维使他们坚定地相信，大地只有呈球形才是完美的，才能符合"宇宙和谐"与"数"的需要。

而柏拉图的学生亚里士多德则为"地球"这一概念奠定了基础。他甚至考虑到为了与北半球的大片陆地相平衡，南半球也应当有一块大陆。而且，为了避免地球"头重脚轻"，造成大头（北极）朝下的难堪局面，北极点一带应当是一片比较轻的海洋。于是，有一个叫毕则亚斯的希腊人早在 2000 多年以前就勇敢地扯起风帆，开始了文明人类有史以来第一次向北极的冲击。他大约用了 6 年的时间完成了这次航行，最北到达了冰岛或者挪威中部，可能进入了北极圈。公元前

325 年，毕则亚斯回到了马塞利亚。

毕则亚斯之后 1200 年，一个叫奥塔的古斯堪的纳维亚贵族于公元 870 年第一次绕过斯堪的纳维亚半岛最北端的海角，转过科拉半岛而进入白海。与奥塔差不多在同一时期，还有一个叫弗洛基的挪威人被派去到西北方向寻找新的土地，结果发现了冰岛。而格陵兰岛的发现者是一名挪威海盗，叫红脸艾力克。他在当时已属挪威管辖的冰岛连续两次杀人之后，被驱逐出境。在无路可走的情况下，他只好把一家老小和所有的东西都装进一个无篷船里，怀着一线希望，硬着头皮往西划去。经过了一段相当艰苦的航行之后，他终于看到了一片陆地。当时的气候正处于全球小温暖期的最佳气候阶段，可能使得像格陵兰岛那样的高纬度地区也变成适于生命的环境。红脸艾力克在那里住了 3 年，觉得那里是一块很好的土地，于是决定回冰岛去招募移民。为了使这个地方听起来更加具有吸引力，他起了一个好听的名字，叫做格陵兰，即绿色的大地。当然，当时格陵兰岛南部沿海地区的夏季很可能真的是一片苍翠的绿色。果然，一批又一批的移民携带着他们的家财和牲畜渡海而来。

此后，格陵兰岛发展得蓬蓬勃勃，生机盎然，在其鼎盛时期，居民点有 280 多个，人口达数千人，建有教堂 17 个，不仅与欧洲建起了通商关系，罗马教皇甚至还派人来征收教区税。

然而，500 年之后，即公元 1500 年前后，随着世界气候的又一次进入小冰期，那里的天气变得寒冷起来，于是这个曾经繁盛一时的世外桃源，渐渐进入沉寂状态。北极人类活动的这一个时期，可以称为自发的地域发现时期。

直到 19 世纪末期，虽然有许多航海家都曾试图到达北极点，但他们却并没有把北极点作为当时的直接目标，而只是当做通往东方的必经之路。但是，征服北极点毕竟是他们最伟大的光荣梦想，这一梦想的实现随着北极航线的开通而变得更加令人急不可待。在新一轮征服北极点的竞争中，民族光荣与体育冒险精神已经超过了商业利益。更为重要的是，现代科学考察活动也开始渗透到北极探险活动之中。徒步征服北极点的光荣，归于美国探险家罗伯特·皮尔里。他在 23 年的时间里多次考察北极地区，终于在 1909 年 4 月 6 日上午 10 时把美国国旗插在北极点的海冰上。1937 年，两个苏联人乘飞机第一次在北极点降落。从北极航线的开通到征服北极点的过程，可以称为北极点探险时期。

1957～1958 年国际地球物理年的大规模科学活动，标志着北极单纯探险时期的结束和科学考察时期的开始。但是，对于地球的未知领域来说，科学与探险总是无法截然分开的。更何况北极的科学与探险又和政治、军事、经济密切相关，因而各现代国家的政府、民间团体或个人，从来没有间断过对北极点的关注。1958 年，美国的核动力潜艇从冰下第一次穿过北极点。

1959 年，美国潜艇"鹦鹉螺"号第一次冲破冰层，在北极点浮出水面。1968 年，美国的一个探险家自皮尔里之后第一次乘雪上摩托到达北极点。1969 年，一个英国的探险队，乘狗拉雪橇从巴罗出发，也到达了北极点。1971 年，意大利人莫里齐诺沿当年皮尔里的路线到达了北极点。1977 年，前苏联破冰船"北极"号第一次破冰斩浪，航行到了北极点。

1978 年，日本勇敢的单身探险家植村独自驾着狗拉雪橇，完成了人类历史上第一次一个人单独到达北极点的艰难旅程。顺便说一句，他是到目前为止，唯一的只身到达北极点的亚洲人。

1979 年，一个前苏联探险队第一次靠滑雪从冰面上到达了北极点。

北极——中国人的足迹

回顾人类进军北极的历程，可以看出"天然时期"主要是由亚洲人完成的。而自从文明人类有目的地探索北极开始，就几乎全是欧洲人的功劳了。直到20世纪80年代，中华民族终于抬起头，把目光投向了遥远的地平线。改革开放以来短短的十几年里，我们中华民族的足迹正在迅速地延伸到世界的各个角落，包括最遥远的南极大陆。然而，时至今日，却仍然还有约占地球表面积1/7的一大片地区，还没有中国人的足迹，那就是地球之巅——北极。1993年4月8日，一位名叫李乐诗的香港女士，第一次代表占世界人口1/5的中华民族乘飞机到达北极点，迎着狂风展开了一面五星红旗。如今她已经凯旋，我们正等待着出征。

到了近年，去往北极点最便捷和舒适的方式则是乘坐破冰船，目前世界上唯一一所商业运营的核动力破冰船叫做"五十年胜利号"，属于俄国人。由于看到中国的巨大潜在市场，该公司已经在中国设立办事处，由一家高端旅行公司独家运营，为中国客人提供贴身服务。

2. "飘忽不定"的北极点

地球最北的这一点，叫北极点，也就是地球自转轴与固体地球表面的交点。站在极点之上，"上北下南左西右东"的地理常识，便不再管用了。你的前后左右，就都是朝着南方。你只需原地转一圈，便

可自豪地宣称自己已经"环球一周"。不过，在极点之上，尽管有就地环球之行的潇洒，也会遇见时间难辨的麻烦。我们都知道，地球按照经度线被分成了不同的时区，每15°一个时区，全球共24个时区，每个时区相差1小时。而对于极点来说，地球所有经线都收拢到了一点，无所谓时差的划分，也就失去了时间的标准。若在极点进行一场乒乓球比赛，那只小小的球，便一会儿从"今天"飞到了"昨天"，一会儿又从"昨天"飞回"今天"。要从地形上指出北极点的准确位置，是一件十分困难的事情。因为北极点上的地面物体是一些相互碰撞、相互碾压的大堆块冰，这些块冰又以顺时针方向，时停时进地在北冰洋上打圈圈。因此，用以辨别北极点的冰层，可在一星期内漂离老远。只有用仪器，才能精密地确定北极点的准确位置。

当然，宇宙万物总是处在不断变化和运动之中，地球也是如此，今天所看到的北极，是一个由周边陆地环抱着的为冰雪所覆盖的大洋，但在很早以前，北极的格局并非如此。之所以形成今天这个样子，完全是由于板块运动和大陆漂移的结果。若从地质历史看，北极也并非一直冰天雪地，也曾一度碧波荡漾，森林茂密，气候相当暖和。早在人类到来之前，北极已几经变迁，经历了一段相当漫长的历程。

一个世纪以前，英国政府为了奖励北极探险者，曾拨出一笔资金，准备奖给第一个到达北极的探险家。资金虽然不多，但是却起了很大的激励作用，许多探险家跃跃欲试，想摘到第一个到达北极点的桂冠，获得这一令人心驰神往的历史的荣誉。

这顶桂冠最终被美国探险家皮尔里所获得。为了这顶桂冠，他几度向北极冲刺，才取得了成功。1902年，皮尔里开始向极地进发。他在北纬80°的地方，建立了几座仓库，为未来的北极探险减少负载。第一次尝试终因不能穿过冰冻的北冰洋而返回。这次探险使皮尔里适应北极环境，为以后的成功创造了条件。又过了3年，1905年，50岁的皮尔里再次组织北极探险。探险队登上"罗斯福号"船，从纽约出发，向北方驶去。同去探险的，除了白人探险家外，还有一些熟悉北极情况的爱斯基摩人。

1906年2月，探险船来到了赫克拉岬地。皮尔里指挥爱斯基摩人在冰上建立航线和补给站，以节约极点冲刺突击队员的体力。但是，爱斯基摩人在建立补给站时遇到极大的困难，皮尔里最终放弃了这个设想。第二次探险又没有达到目的。1908年7月，皮尔里从美国出发，开始了他最近一次探险。他的队伍向格陵兰岛进发，下船后在陆地上走145千米，离开埃尔斯米尔岛的哥伦比亚角，于3月1日最后奔向北极。按皮尔里的计划，各分队的在完成开路任务后就返回。在开始时，探险队中包括 17 名爱斯基摩人，19 个雪橇和 133 条狗。而当到达最终目标时，陪伴皮尔里和亨森的只有 40 条狗和 4 个爱斯基摩人了。1909 年 3 月 1 日，皮尔里再次组织北极探险。他们从哥伦比亚岬地出发，组织了补给队。他挑选了 4 个最强壮的爱斯基摩人，他的黑人仆人马休·汉森，还有他自己，组成了一个向极点冲刺的突击队。5 部雪橇载着 6 位队员，由 40 只狗拉引着向北极前进。他们越过了 240 千米冰原，4 月 6 日，到达了离北极还有 8 千米的地方。这里是北纬 89°57′。多少年来无数探险家们企盼的北极点已经遥遥在望了。

成功在即。为了这一步的成功，多少人葬身北极，多少人徒劳而返。如今，皮尔里一行终于临近了多少人梦寐以求的北极点。他们测定了位置，然后一鼓作气，登上了北极点。北极点没有陆地，而是结了坚冰的海洋。他们在这里插上美国国旗，国旗的一角上写着："1909 年 4 月 6 日，抵达北纬 90°。皮尔里"。

3. 由严寒统治的世界

北极的冬季从 11 月到次年 4 月，长达 6 个月。5、6 月和 9、10 月分属春季和秋季。而夏季仅 7、8 两个月。1 月份的平均气温介于 $-20℃ \sim -40℃$。而最暖月 8 月平均气温也只有 $-8℃$。在北冰洋极点附近漂流站上测到的最低气温是 $-59℃$。由于洋流和北极反气旋的影响，北极地区最冷的地方并不在中央北冰洋。在西伯利亚维尔霍杨斯克曾记录到 $-70℃$ 的最低温度，在阿拉斯加的普罗斯佩克特地区也曾记录到 $-62℃$ 的气温。

北极的冬天是漫长、寒冷而黑暗的，从每年的 11 月 23 日开始，有接近半年时间，将是完全看不见太阳的极夜，温度会降到－50℃以下。此时，海岸已冰封，所有海浪和潮汐都消失了，只有裹着雪的呼啸寒风。直到来年三、四月的春天来临之时，地平线上才又渐渐露出微光，太阳慢慢地沿着近乎水平的轨迹，露出自己的脸庞，天气才慢慢暖和起来，冰雪逐渐消融。五、六月份，植物披上了生命的绿色，动物开始活跃，并忙着繁殖后代。在这个季节里，动物们可获得充足的食物，积累足够的营养和脂肪，以度过漫长的冬季。

七、八两月是夏季，夏季是短暂的，九月初第一场暴风雪就会降临。即使在盛夏时节，太阳也只是远远地挂在南方地平线上，发着惨淡的白光。太阳升起的高度从不会超过23.5℃，它静静地环绕着这无边无际的白色世界。几个月之后，太阳运行的轨迹才渐渐地向地平线接近，于是开始了北极的黄昏季节。

九、十月为秋季。北极的整个秋季，就是一个非常短暂的黄昏，它是北极的一个主要的降水季节。北极的年降水量一般在100～250毫米，格陵兰海域可达500毫米，降水集中在近海陆地上，最主要的形式是夏季的雨水。当这个短暂的黄昏结束时，随之而来的，便又是漫长、寒冷而黑暗的冬季。

越是接近极点，极地的气象和气候特征越明显。在那里，一年的时光只有极昼和极夜这"一天一夜"。即使在夏季，太阳也只是远远地挂在南方地平线上，发着惨淡的白光。太阳升起的高度从不会超过23.5°。整个秋季就是一个黄昏，随之而来的将是漫漫长夜。极夜又冷又寂寞，漆黑的夜空可持续五六个月之久。直到来年3、4月份，地平线上才又渐渐露出微光。

整体而言，北极的平均风速远不及南极，即使在冬季，北冰洋沿岸的平均风速也仅达到10米/秒。尤其是在北欧海域，主于受到北角暖流的控制，全年水面温度保持在2℃~12℃之间，甚至位于北纬69°的摩尔曼斯克也是著名的不冻港。在那个地区，即使在冬季，15米/秒以上的疾风也比较少见。但由于格陵兰岛、北美及欧亚大陆北部冬季的冷高压，北冰洋海域时常会出现猛烈的暴风雪。

北极有无边的冰雪、漫长的冬季。北极与南极一样，有极昼和极夜现象越接近北极点越明显。北极的冬天是漫长、寒冷而黑暗的，从每年的11月23日开始有接近半年时间将是完全看不见太阳的日子。温度会降到零下50多摄氏度。此时所有海浪和潮汐都消失了因为海岸已冰封只有风裹着雪四处扫荡。

到了四月份天气才慢慢暖和起来，冰雪逐渐消融，大块的冰开始融化、碎裂、碰撞发出巨响；小溪出现潺潺的流水；天空变得明亮起来太阳普照大地。五、六月份植物披上了生命的绿色，动物开始活跃并忙着繁殖后代。在这个季节动物们可获得充足的食物，积累足够的营养和脂肪以度过漫长的冬季。

第二节　神奇土地的探险

北极地区真正的是不折不扣的冰雪世界，但由于洋流的运动，北冰洋表面的海冰总在不停地漂移、裂解与融化，因而不可能像南极大陆那样经历数百万年积累起数千米厚的冰雪。所以，北极地区的冰雪总量只接近于南极的1/10，大部分集中在格陵兰岛的大陆性冰盖中，而北冰洋海冰、其他岛屿及周边陆地的永久性冰雪量仅占很小部分。

北冰洋表面的绝大部分终年被海冰覆盖，是地球上唯一的白色海洋。北冰洋海冰平均厚3米，冬季覆盖海洋总面积的73％，有1000～1100万平方千米，夏季覆盖53％，有750万～800万平方千米。中央北冰洋的海冰已持续存在300万年，属永久性海冰。

1. 人类探索北极的历程

地球上的北极是一片神秘的区域，那里千百年来都吸引着探险者的脚步，到达那里的人们，都希望用自己的亲身体验去重新认识我们所居住的这个星球。但是北极的探险之旅可并不是很轻松的，那是一段血与泪交织着的过程，为了真正的认识那片土地，许多探险者都付出过沉重的代价，甚至是生命。即使是这样，依然无法阻止人类的探寻脚步。

在历史上直到19世纪末期，虽然有许多航海家都曾试图到达北极点，但他们却并没有把北极点作为当时的直接目标，而只是当做通往东方的必经之路。但是，征服北极点毕竟是他们最伟大的光荣梦想，这一梦想的实现随着北极航线的开通而变得更加令人急不可待。在新一轮征服北极点的竞争中，民族光荣与体育冒险精神已经超过了商业利益。更为重要的是，现代科学考察活动也开始渗透到北极探险活动之中。徒步征服北极点的光荣，归于美国探险家罗伯特·皮尔里。他在23年的时间里多次考察北极地区，终于在1909年4月6日上午10时把美国国旗插在北极点的海冰上。1937年，两个苏联人乘飞机第一次在北极点降落。从北极航线的开通到征服北极点的过程，可以称为北极点探险时期。

古代中华民族也同样经历过"以我为中心"的阶段，汉族人奉轩辕氏黄帝为祖先，后来发了大洪水，他的孙子鲧从天帝那里偷来"息壤"为老百姓治理洪水，事业未竟而被天帝所杀。鲧的儿子禹继续完成父亲的事业，也就是著名的"大禹治水"故事里所讲的事情。但是中国神话中的大禹，不仅是为民治水的英雄，而且也是一位周游世界的探险家。在完成治水工程后，大禹便派天神太章用脚步测量大地。太章从东极走到西极，测得长度为 23.35 万里又 75 步。大禹又派天神竖亥从北极走到南极，用一种叫做"算"的约 6 寸长的竹片测量大地，结果与东西距离完全相同。可见人们居住的大地应当是方方正正的，而自己处于四海环绕的正方形大地的中央，所以便合乎逻辑地自称为"中央之国"，即中国。

后来，大禹又亲自去天边探险，顺便开展外交活动。他往东到过"扶桑"，那是太阳升起的地方；到过"九津"和"青羌"的原野，攀登高山到过"鸟谷国"、"黑齿国"和有九尾狐的"青丘国"。他向南到过"交趾"，翻越天气极热的九阳之山，到了"羽人国"、"裸民国"和"不死国"。往西去过西王母三青鸟居住的"三危山国"，见到了只饮露水不食五谷的人；还到过堆满黄金的"积金山"，见过"奇脑人"、"一臂三面人"。向北到过"令正国"、"犬戎国"，又穿过积石山，到北海拜访了兼任海神与风神的禹疆。大禹告别禹疆后本打算回家，却又在茫茫风雪中迷了路，反倒愈发向北走去，最后竟到了一个叫做"终北国"的地方。这个"终北国"，也许就是中国有文字记载的北极探险的第一次，也是唯一的一次记录。尽管这次记录出自于神话故事，尽管当时大禹的足迹可能远远没有到达北冰洋岸边，但这毕竟是炎黄子孙 5000 年文明史中与北极有关的并值得感叹的一笔。

在北极的探险史上还有着浓墨重彩的一笔，那就是北冰洋东北航线和西北航线的发现。

由于马可·波罗的中国之行，使西方人相信中国是一个黄金遍地、珠宝成山、美女如云的人间天堂。于是，西方人开始寻找通向中国的最短航线——海上丝绸之路。当时的欧洲人相信，只要从挪威海北上，然后向东或者向西沿着海岸一直航行，就一定能够到达东方的中国。因此，中世纪的北极探险考察史是同北冰洋东北航线和西北航线的发现分不开的。

1500 年，葡萄牙人考特雷尔兄弟，沿欧洲西海岸往北一直航行到了纽芬兰岛。第二年，他们继续往北，希望寻找那条通往中国之路，但却一去不复返，成了为"西北航线"而捐躯的第一批探索者。

从 1594 年起，荷兰人巴伦支开始了他的 3 次北极航行。1596 年，他发现了斯匹次卑尔根岛，创造了人类北进的新记录，并成了第一批在北极越冬的欧洲人。1597 年 6 月 20 日，年仅 37 岁的巴伦支由于饥寒劳顿而病死在一块漂浮的冰块上。

1610 年，受雇于商业探险公司的英国人哈德孙驾驶着他的航船"发现"号向西北航道发起冲击，他们到达了后来以哈德孙的名字命名的海湾。不幸的是，22 名探险队员中有 9 人被冻死，5 人被爱斯基摩人所杀，1 人病死，最后只有 7 人活着回到了英格兰。

1616 年春天，巴芬指挥着小小的"发现"号再一次往北进发，这是这条小船第 15 次进入西北未知的水域，发现了开阔的巴芬湾。

1725 年 1 月，彼得大帝任命丹麦人白令为俄国考察队长，去完成"确定亚洲和美洲大陆是否连在一起"这一艰巨任务。白令和他的 25 名队员离开彼得堡，自西向东横穿俄罗斯，旅行了 8000 多千米后，到达太平洋海岸，然后，他们从那里登船出征，向西北方向航行。在此后的 17 年中，白令前后完成了两次极其艰难的探险航行。在第一次航行中，他绘制了堪察加半岛的海图，并且顺利地通过了阿拉斯加和西伯利亚之间的航道，也就是现在的白令海峡。在 1739 年开始的第二次航行中，他到达了北美洲的西海岸，发现了阿留申群岛和阿拉斯加。正是由于他的发现，使得俄国对阿拉斯加的领土要求得到了承认。但是，前后共有 100 多人在这两次探险中死去，其中也包括白令自己。

1819 年，英国人帕瑞船长坚持冲入冬季冰封的北极海域，差一点就打通了西北航道。他们虽然失败了，但却发现了一个极其重要的事实，即北极冰盖原来是在不停地移动着的。他们在浮冰上行进了 61 天，吃尽千辛万苦，步行了 1600 千米，而实际上却只向前移动了 270 千米。这是因为，冰盖移动的方向与他们前进的方向正好相反，当他们往北行进时，冰层却载着他们向南漂去。结果，他们只到达了北纬 82°45′ 的地方。

1831 年 6 月 1 日，著名的英国探险家约翰·罗斯和詹姆斯·罗斯发现了北磁极。

1845 年 5 月 19 日，大英帝国海军部又派出富有经验的北极探险家约翰·富兰克林开始第三次北极航行。全队 129 人在 3 年多的艰苦行程中陆续死于寒冷、饥饿和疾病。这次无一生还的探险行动是北极探险史上最大的悲剧，而富兰克林爵士的英勇行为和献身精神却使后人无比钦佩。

1878 年，芬兰籍的瑞典海军上尉路易斯·潘朗德尔率领一个由俄罗斯、丹麦和意大利海军人员组成的共 30 人的国际性探险队，乘"维加"号等 4 艘探险船首次打通了东北航线。

1905 年，后来征服南极点的挪威探险家罗阿尔德·阿莫森成功地打通了西北航线。他们的成功为寻找北极东方之路的努力画上了一个完满的句号。

然而，这些以极其沉重的代价换来的成功，并没有给人类带来多少喜悦。因为穿越北冰洋的航行实在太艰难了，所以毫无商业价值可言。这一持续了大约 400 年的打通东北航线和西北航线的探险活动，我们可称之为北极航线时期。

2. 北极圈内的北冰洋

北冰洋是北极圈内的一片浩瀚的冰封海洋，周围是众多的岛屿以及北美洲和亚洲北部的沿海地区。冬季，太阳始终在地平线以下，大海完全封冻结冰。夏季，气温上升到冰点以上，北冰洋的边缘地带融化，太阳连续几个星期都挂在天空。北冰洋中有丰富的鱼类和浮游生物，这为夏季在这里筑巢的数百万只海鸟提供了丰富的食物来源，同时，也是海豹、鲸和其他海洋动物的食物。北冰洋周围的大部分地区都比较平坦，没有树木生长。冬季大地封冻，地面上覆盖着厚厚的积雪。夏天积雪融化，表层土解冻，植物生长开花，为驯鹿和麝牛等动物提供了食物。同时，狼和北极熊等食肉动物也依靠捕食其他动物得以存活。

北极地区是世界上人口最稀少的地区之一。千百年以来，除了因纽特人（旧时被称为爱斯基摩人）在这里世代繁衍之外，很少有人会踏足这一地区。不过，近几年在这一地区发现了石油储备，因而吸引了许多人来到了这里工作。

尽管北冰洋的大部分洋面被冰雪覆盖，但冰下的海水也像全球其他大洋的海水一样在永不停息地按照一定规律流动着。如果说潮汐是大海的脉搏，那么海水的环流就是大海的生命。在北冰洋表层环流中起主要作用的是两支海流：一支是大西洋洋流的支流——西斯匹次卑尔根海流，这支高盐度的暖流从格陵兰以东进入北冰洋，沿陆架边缘作逆时针运动；另一支是从楚科奇海进来，流经北极点后又从格陵兰海流出，并注入大西洋的越极洋流（东格陵兰底层冷水流）。它们共同控制了北冰洋的海洋水文基本特征，如水团分布，北冰洋与外海的水交换等。

此外，挪威暖流和北角暖流的作用也不可忽视。据最新统计的观测数据，大西洋洋流每年向北冰洋注入72 000立方千米海水，北太平洋海流注入30 000立方千米海水，而周边陆地的河流注入4400立方

千米淡水。这样，北冰洋的洋底冷水流就必须以每年 10.5 万立方千米的规模，经过深 2700 米，宽 450 千米的弗拉姆海峡涌入北大西洋。这些北冰洋洋流对于北极及周边地区的气候特征及生态环境产生了巨大影响。

北冰洋周边的陆地区可以分为两大部分：一部分是欧亚大陆，另一部分是北美大陆与格陵兰岛，两部分以白令海峡和格陵兰海分隔。如果用地质学家的眼光来看，这两部分陆地有很多相似之处，它们都是由非常古老的大隐性地壳组成的。而北冰洋年龄则年轻得多，是0.8 亿年前的白垩纪末期才由于板块扩张而开始出现的。北冰洋海岸线曲折，类型多，有陡峭的岩岸及峡湾型海岸，有磨蚀海岸、低平海岸、三角洲及泻湖型海岸和复合型海岸。宽阔的陆架区发育出许多浅

水边缘海和海湾。北冰洋中岛屿众多，总面积约 380 万平方千米，基本上属于陆架区的大陆岛。其中最大的岛屿是格陵兰岛，面积 218 万平方千米，比西欧加上中欧的面积总和还要大一些，因此也有人称之为格陵兰次大陆。格陵兰岛现有居民约 6 万人，其中 90% 是格陵兰人，其余主要为丹麦人。最大的群岛则是加拿大的北极群岛，由数百个岛屿组成，总面积约 160 万平方千米。群岛中面积最大的是位于东北的埃尔斯米尔岛，该岛北部的城镇阿累尔特已经超过北纬 82°，因而是当今许多北极点探险队的出发地。

格陵兰岛既是地球上最大的岛屿，也是大部分面积（84%）被冰雪覆盖的岛屿。格陵兰岛的大陆冰川（或称冰盖）的面积达 180 万平方千米，其冰层平均厚度达到 2300 米，与南极大陆冰盖的平均厚度差不多。格陵兰岛所含有的冰雪总量为 300 万立方千米，占全球淡水总量的 5.4%。如果格陵兰岛的冰雪全部消融，全球海平面将上升7.5 米。而如果南极的冰雪全部消融，全球海平面就会上升 66 米。

在格陵兰岛那深广无边的白色寒冷世界里，降雪无法融化，于是年复一年地积累起来。新雪轻松柔软，每立方米重 100 千克。实际上，新雪直接飘落冰面的机会并不多。由于常年狂风大作，六角形雪花在风中飞舞碰撞，渐渐磨去棱角，变成水泥粉一样的积雪，随风掉落在冰面，形成风积雪。风积雪的密度比新雪大，每立方米重 400 千克。降雪一层覆盖一层，随着深度和压力的增加，新雪渐渐变成由细小雪晶粒组成的粒雪。到 70～100 米深时，雪晶体互相融合，雪晶体颗粒之间的空气被压缩成一个个独立的小气泡，变成白色的气泡冰，或称新冰，新冰的密度达到每立方米 820 千克。当埋藏深度超过 1200米时，巨大的压力使新冰中的气泡消失，气体分子进入冰晶格，细小的冰晶体迅速融合扩大成巨大的单晶（最大直径可达 10 厘米），最终形成蓝色的坚硬老冰，也叫做蓝冰。被覆盖在白色新雪、粒雪及新冰下面的蓝冰，构成大陆冰盖的主体。而且，越是深层的冰，形成的年代越古老。据估计，格陵兰冰盖最深处冰层的年龄可以达到几十万甚至 100 万年以上。

与南极一样，北极地区的陆地与岛屿上的茫茫冰盖，看上去辽远而宁静，似乎代表某种永恒的静止。但是实际上，由于冰雪自身的重量，陆地冰盖不断地向海岸方向移动，这种移动深沉缓慢而又无可阻挡。格陵兰岛内陆冰盖的年平均移动速度是几米，而在沿海则可达 100~200 米。至于那些巨大的冰川，运动速度就大得多了。所谓冰川，实际上就是冰雪的河流。数十亿至数百亿吨的冰雪在冰川运行的山谷或低地中静静地推挤着、摩擦着、移动着。它们缓缓地，但却一往无前地向大海流去，最后惊天动地般地崩落入海中。冰盖移动，最后崩落在海水中形成巨大的冰山。仅以这种方式，格陵兰岛的陆地冰盖每年损失的冰量达到 150 立方千米。另一方面，格陵兰岛每年通过降雪而累积的总冰量却是大约 170 立方千米。但是与南极的情况一样，到目前为止，科学家们还不能肯定回答，格陵兰岛的大陆冰盖究竟是在缓慢增长，还是在渐渐消亡。

据测算，2005 年 9 月 21 日，北冰洋的海冰面积约为 530.95 万平方千米，为自有卫星监测以来的最小面积。研究表明，目前北极地区的温度正大幅上升，温度升高速度为世界其他地区的两倍。日本有关机构的观测和分析发现，受西伯利亚近海生成的低气压等因素影响，北冰洋海冰面积缩减到自 1978 年开始实施卫星观测以来的最小值。专家预测说，今后海冰面积还将进一步大幅度缩小，这一状况可能持续到 9 月中旬。日本海洋研究开发机构等新公布的分析结果显示，北冰洋海冰面积从 7 月就开始持续缩减。进入 8 月以后，受西伯利亚近海生成并停滞的低气压影响，其他地区的暖空气被输送到北极，加速了海冰面积的缩减进程。8 月 15 日，北冰洋全域的海冰面积缩减至530.7 万平方千米，为观测史上的最小值。专家认为，造成上述现象的还有其他一些原因：北冰洋沿岸刚刚形成的脆弱且易融化的冰越过北纬 80°线扩散到北冰洋内部，促使北冰洋海冰面积加速缩减；北冰洋向大西洋放出的海冰增加；导致北冰洋内部的海冰面积缩小。

3. 北极村的美好童话

地球上有三个著名的"北极村"，一个是中国黑龙江省漠河县最北的村镇，同时也是中国最北的城镇。位于北纬 53°33′30″，东经122°20′27.14″。

这个北极村是中国唯一观测北极光的最佳地点。另外两个一个是芬兰北极村以及美国北极村。

漠河北极村位于中国大兴安岭山脉北麓的七星山脚下，纬度高达53°33′30″，与俄罗斯阿穆尔州的伊格娜恩依诺村隔江相望，素有"不夜城"之称。是中国国内观赏北极光和极昼胜景的最佳之处。每当夏至前后，这时有近 20 小时可以看到太阳，这便是人们常说的极昼现象，幸运时还会看到异彩纷呈、绚丽多姿的北极光。一天 24 小时几乎都是白昼，午夜向北眺望，天空泛白，像傍晚，又像黎明，人们在室外可以下象棋、打球。据说漠河北极村（原名漠河村）在 1860 年开始有人居住，1866 年发展为通往胭脂沟的江上驿站。1914 年（民国三年）设治局公署驻地，1917 年由设治局改升为二等县城所在地，1947 年到中国成立后并入呼玛县。1981 年漠河重新建县后，选西林吉镇为县址，漠河村为今漠河乡政府所在地。

芬兰北极村是芬兰新建的旅游景点、圣诞老人的新居。它位于芬兰北部拉毕省省会罗瓦尼埃米市。北极村景点的设置，是在美国总统罗斯福的夫人启示下完成的。当时，第二次世界大战刚刚结束，罗斯福夫人访问芬兰的罗瓦尼埃米市。该市在战火中已被夷为平地，几乎没有任何景点可供参观，这使芬兰政府很为难，最后只好在横穿该市近郊的北极圈，即北纬 66°33′07″、东经 25°50′51″这一点上，修建了一个面积约 10 平方米的小木屋，供罗斯福夫人驻足领略极地景物。这小木屋就是北极村的雏形。这小小的木屋给了人们极大的启示，芬兰人觉得这奇妙可观的地理位置，对外国人有极大的吸引力，便开始筹建北极村。20 世纪 60 年代，设立了标有极圈位置的地图标志板，出售极地旅游纪念品的商店和专门受理圣诞老人邮件的邮政标志先后鳞次栉比地出现，"北极村"初见规模。如今，在北极村小镇镇口树上有一块用 4 国文字书写的北极圈纪念碑，作为外国游客跨越北极圈活动的证明，因此游客纷纷同它拍照。而当年罗斯福夫人驻足的小木屋已成为咖啡馆。它像历史进程中的一个小小注脚存在于"北极村"中。北极村的自然风光魅力十分奇妙。夏季光临此地，可以观赏到难以忘怀的午夜不落的太阳；冬季来到这里，能在昼夜不见太阳的晴空中，看到世界上罕见的北极光。而这里的"圣诞老人故乡工程"更为北极风情锦上添花，让游览者流连忘返。当地土著的萨米人特意将旅馆的外形修建的十分粗陋，大多用似乎未经修饰的圆木筑成。度假村内则特意留下一种无叶无皮的枯树，装点粗犷的极地风光，公路上还有安详觅食的驯鹿。游客来到北极村，冬天能坐鹿拉的爬犁，夏季可到"淘金村"尽享沙里淘金的乐趣。北极村"圣诞老人作坊"更是引人入胜。这是一座圣诞礼品商店。礼品的质量要求甚高，必须做工精湛，优质高档，而且是地地道道的芬兰货。在"圣诞老人作坊"的

一角有圣诞老人办公室，圣诞老人在这里会见各国的大小国宾。处理来自各地的邮件和电话的是一群戴尖顶红帽的"仙童"，俗名"小精灵"。如果有人突然在生日、命名日或圣诞节接到圣诞老人从芬兰寄来的邮包，那一定是他的亲朋好友在游览北极村时曾向圣诞老人诉说过他的心愿。现在，这一有趣的活动正吸引着世界上越来越多的人参与其中。

美国最大的州阿拉斯加又被称为"最后的处女地"，这里也有一个北极村。据说这个北极村是美国的"圣诞老人之家"。北极村位于阿拉斯加第二大的城市费尔班克斯的南边，是一个只有 10 平方千米、居住人口 1700 多人的小镇，它号称"北极村"，其实离地球上真正的北极点还有 2700 多千米，甚至未到北极圈。但是，这并不妨碍它把"圣诞老人之家"的名号揽入自己怀中。为了营造一种圣诞老人家乡的氛围，这里的许多公共设施都带有圣诞节的印记。小镇的宣传口号是"每天都是圣诞节"，走在北极村的街道上，仿佛走在童话世界里，路灯都是红白相间的糖果棒的形状，就连小镇的救护车和警车，用的都是圣诞节的两种经典颜色：红色和绿色。当地最主要的一条大街也被叫做"叮当大街"，这个名字源自圣诞老人滑着雪橇经过时铃铛叮叮当当的响声。

第三节　环绕北极的岛屿

北极地区周边的陆地区可以分为两大部分：一部分是欧亚大陆，另一部分是北美大陆与格陵兰岛，两部分以白令海峡和格陵兰海分隔。如果用地质学家的眼光来看，这两部分陆地有很多相似之处，它们都是由非常古老的大隐性地壳组成的。而北冰洋年龄则年轻得多，是 0.8 亿年前的白垩纪末期才由于板块扩张而开始出现的。

1. 冰原上的绿色土地

格陵兰岛是世界最大岛，地处北美洲东北，北冰洋和大西洋之间。从北部的皮里地到南端的法韦尔角相距 2574 千米，最宽处约有1290 千米。海岸线全长 35000 多千米。格陵兰岛是丹麦的属地。

在丹麦语中，"格陵兰"的意思是"绿色的土地"，不过这个岛并不像它的名字那样充满着春意。格陵兰在地理纬度上属于高纬度，它最北端莫里斯·杰塞普角位于 83°39′N，而最南端的法韦尔角则位于 59°46′N，南北长度约为 2600 千米，相当于欧洲大陆北端至中欧的距离。最东端的东北角位于 11°39′W，而西端亚历山大角则位于 73°08′W。那里气候严寒，冰雪茫茫，中部地区的最冷月平均温度为 −47℃，绝对最低温度达到 −70℃。

格陵兰岛无冰地区的面积为 341 700 平方千米，但其中北海岸和东海岸的大部分地区，几乎是人迹罕至的严寒荒原。有人居住的区域约为 150 000 平方千米，主要分布在西海岸南部地区。该岛南北纵深辽阔，地区间气候存在重大差异，位于北极圈内的格陵兰岛出现极地特有的极昼和极夜现象。居民主要分布在西部和西南部，因纽特人占多数。西海岸有世界最大的峡湾，切入内陆 322 千米。包括其首府戈特霍布在内的大部分居民点都分布于此。

关于格陵兰岛名字的来历有这样一个故事。相传古代，大约是公元 982 年，有一个挪威海盗，他一个人划着小船，从冰岛出发，打算远渡重洋。朋友都认为他胆子太大了，都为他的安全捏一把汗。后来他在格陵兰岛的南部发现了一块不到一千米的水草地，绿油油的，十分喜爱。回到家乡以后，他骄傲地对朋友们说："我不但平安地回来了，我还发现了一块绿色的大陆！"于是格陵兰变成为了它永久的称呼。

相传公元前 3000 年因纽特人首先到达这里。1894 年丹麦首建殖民点于岛的东南岸，1921 年丹麦宣布独占，但是在 1979 年丹麦政府允许格陵兰人自治，并通过了"格陵兰自治条例"。

格陵兰岛是一个由高耸的山脉、庞大的蓝绿色冰山、壮丽的峡湾和贫瘠裸露的岩石组成的地区。从空中看，它像一片辽阔空旷的荒野，那里参差不齐的黑色山峰偶尔穿透白色眩目并无限延伸的冰原。但从地面看去，格陵兰岛是一个差异很大的岛屿：夏天，海岸附近的草甸盛开紫色的虎耳草和黄色的罂粟花，还有灌木状的山地木岑和桦树。但是，格陵兰岛中部仍然被封闭在巨大冰盖上，在几百千米内既不能找到一块草地，也找不到一朵小花。格陵兰岛是一个无比美丽并存在巨大地理差异的岛屿。东部海岸多年来堵满了难以逾越的冰块，因为那里的自然条件极为恶劣，交通也很困难，所以人迹罕至。这就使这一辽阔的区域成为北极的一些濒危植物、鸟类和兽类的天然避难所。矿产以冰晶石最负盛名。水产丰富，有鲸、海豹等。

据国外媒体报道，科学家们日前研究发现格陵兰岛形成于 38 亿年前，其前身是海底大陆，由于大陆板块碰撞而形成，这一发现使得格陵兰岛一下子成为了世界上最古老的岛屿。科学家们表示，这一研究发现表明地球大陆的板块运动比我们想象得还要早许多，格陵兰岛就是大陆板块在运动中碰撞而形成的。

科学家们是在对在格陵兰岛发现了一些远古的岩石化石进行分析研究后得出这一结论的。他们表示，这些远古的岩石化石隐藏在格陵兰岛的地下，它们的排列就像是一个整齐的堤坝。通过对这些岩石的分析研究，科学家们证实格陵兰岛的来历比人们想象的要复杂得多，它可能是地壳版块（板块）运动的结果，而形成的过程却是相当漫长而且复杂的。

科学家们称，在格陵兰岛发现的这些远古岩石化石只有在大陆板块的运动中由于碰撞才能生产，这就是科学家们所说的蛇纹石。蛇纹石的是两个大陆板块在运动中相互碰撞时挤压海底大陆而形成的一种岩石，从这一点可以断定格陵兰岛在远古的时候可能就是一块海底大陆。负责这项研究工作的称在陵兰岛发现的蛇绿石是他们重视审视这块岛屿的一个突破口。在格陵兰岛东南部发现的这些蛇绿石化石是地球上最古老的蛇绿石，可以这样说，格陵兰岛是地球上由于地壳运动碰撞而形成的第一个原来是海底大陆的岛屿。根据这些化石的老化及风化程度，我们初步判断它们形成于 38 亿年前。随后这项研究成果被发表在了最新一期的《科学》杂志上，文章称这项研究成果将对地球的进化史以及地球生命形成的历史产生重大影响。此前，绝大部分专家们都认为生命产生于地球上温暖的地方，因为这种地方有助于有机体吸取外界的营养，而且环境也有助于有机体的繁衍。

根据地球筑造论演说，地球的表面大陆就好像是一块七巧板，是由许多的小块拼起来的，而且这些板块时刻都在运动当中，只不过运动的速度很慢，感觉不到而已。由于大陆板块的运动，导致了许多板块结合部经常会发生强烈的火山或者是地震现象。从另一个角度来说，正是由于大陆板块的运动才创造出了许多新的大陆。也有科学家们表示，在板块运动发生之前，地球上只是一片汪洋大海。

到底地壳板块运动是从何时开始的这个问题一直是科学家们争论的焦点，因为地球表面必须要足够冷才有条件形成固体的陆地。大部分科学家们都同意这一事件开始较晚的观点，因为目前世界上出土最早的蛇绿石形成于 25 亿年前。

随着对格陵兰岛出土蛇绿石研究的深入，科学家们逐渐把目光转向了远古时代地壳版块运动的生命繁荣的影响。科学家称他们可能从格陵兰岛蛇绿石上的化学成分中分析出远古时代生命形式的部分信息。此前也有地球学家认为地球上的生命正是由于地壳版块的运动而繁衍起来的。也有科学家表示，远古时代的海底山脊是早期有机体生活的温床，那时来自外界的各种环境变化的影响也只能涉及海洋的表面，而对于海底世界却是鞭长莫及。

因纽特人的小习俗

　　因纽特是一个民族。不同地区的因纽特人对自己有不同的称呼。美国阿拉斯加地区的因纽特人称自己为"因纽皮特人"，格陵兰岛的因纽特人称自己为"卡拉特里特"，意思都是"人"。因纽特认为"人"是生命王国里至高无上的代表。狩猎是因纽特的传统生活方式。或者说，在北极地区狩猎是因纽特人的"特权"。他们世世代代以狩猎为主。在格陵兰北部，他们在冬夏之交猎取海豹，6~8月以打鸟和捕鱼为主，9月猎捕驯鹿。而在阿拉斯加北端，全年以狩猎海豹为主，并在冬夏之交猎取驯鹿，4~5月捕鲸。

2. 加拿大的北极群岛

　　加拿大北冰洋沿岸众多岛屿所组成的岛群。其中群岛中的巴芬岛、埃尔斯米尔岛和维多利亚岛都是世界上面积最大的一些岛屿之一。群岛东与格陵兰岛相望，南隔哈德孙湾与加拿大本土相望。加拿大北极群岛南起大陆北缘，北至埃尔斯米尔岛北端的埃尔德里奇海角，陆地面积130万平方千米。属大陆岛。第四纪冰期后海平面上升，与大陆分离。地形有平原、低地、高原、山脉等。北部各岛地势较高，为古生代褶皱山区，由花岗岩、片麻岩构成，以山地高原为主。埃尔斯米尔岛上的巴比尤峰海拔2604米，是群岛最高峰。群岛南部构造上属加拿大地盾向北延伸部分，由沉积岩构成，地势西高东低，以高原、平原为主。除巴芬岛外，均位于北极圈内，气候终年严寒，年降水量在200毫米以下，自然景观为苔原带。

加拿大北极群岛中的埃尔斯米尔岛世界第十大岛，也是加拿大北极群岛最北端岛屿，伊丽莎白女王群岛中面积最大的岛屿。东北紧临格陵兰岛。宽480千米，长804千米，面积196 235平方千米，为加拿大第三大岛。东南部是加拿大地盾的延续，地形为古老结晶岩构成的山原；北部属古生代褶皱带，褶皱山地以古生代沉积岩为主，地形崎岖，群山耸立，巴比尤峰海拔2604米，是北极群岛最高点。地处北极附近，气候严寒，冰川广布，地下有永冻层，分布有苔藓、地衣等低等植被。该岛北部是加拿大领土的最北端。

北美洲西北地区的地形地貌都深受第四纪冰川的影响。埃尔斯米尔岛所在的北极群岛在远古和北美大陆是一个整体，是古老的加拿大地质的一部分。冰川的压力使一部分陆地沉到海平面以下，冰川退却后没有回升到海平面以上，将一部分陆地隔成了岛屿，形成了北极群岛。北极群岛现在还有少数地方被冰川所覆盖，这里是南极和格陵兰岛以外冰川面积最大的地方。北极群岛是世界上面积第二大的群岛。西北地区的南部并没有被冰川隔成岛屿，但是冰川却在这里造就出世界上最壮观的湖区。北极群岛的植被基本上都是苔原。

因纽特人最早来到该岛捕猎，维京人在10世纪时已到访过这里，双方一度展开过贸易，后由于气候变冷，人类逐渐撤离该岛。1616年为航海家巴芬发现，1852年英格菲尔德的舰队为埃尔斯米尔伯爵探勘此地，航行至伊莎贝尔海岸时取名。

埃尔斯米尔岛的面积约为冰岛的两倍。当太阳融化朝南山坡的积雪时，在周围一片明亮耀眼的白色衬托下，岛上露出的灰黑色山岩显得分外庄严肃穆。经过千百年冰雪的侵蚀，有的山岭已磨圆了，看起来不如实际上高。北部格兰特地山脉的巴博峰海拔 2600 米，是北美东北部的最高峰。海岸线经冰川冲蚀参差不及，有不少峡湾。有些峡湾，如阿切峡湾，两侧悬岸高出海面 700 米。每年大部分时间，埃尔斯米尔岛的周围海面冰冻，天气寒冷。这里冬天气温可降至 −45℃，夏季（从 6 月底到 8 月底）气温仍常常低于 7℃，在风和日丽的日子，气温可达到 21℃，这个岛虽然寒冷，但并不像想象中那样覆盖着厚厚的积雪，只是一个荒漠，年平均降水量（雪、雨和霜）只有 60 毫米。由于这里热量不足，地面蒸发很少。

面积广阔的埃尔斯米尔岛上只有南部的格赖斯峡湾有居民。早在 400 年以前，一小部分古代爱斯基摩人从西伯利亚经过冰封的白令海峡到达阿拉斯加。经过几个世纪的游猎，大约 2500 多年前，他们中的一部分人的足迹终于踏上了埃尔斯米尔岛。他们以麝牛和驯鹿为食，用它们的皮毛骨骼做衣服和武器，并改良方法猎杀海洋动物，最终兴旺繁荣起来，成为了现代因纽特人的祖先。他们发展出不可思议的技艺，在皮船上捕捉包括鲸在内的各种海洋哺乳动物，狗拉雪橇成为重要的陆上交通工具。因此，埃尔斯米尔岛成了一个研究加拿大北部原住民的重要场所。

埃尔斯米尔岛其中部地区气候终年严寒，为巨大的冰层所覆盖，没有植被和土壤。埃尔斯米尔岛北端距离北极不到 250 千米。在这样酷寒的极地，只有极特殊的动物才能生存。

埃尔斯米尔岛上没有树木。离它最近的树生长在南部的加拿大大陆上。夏季，这里的大部分地区没有积雪，北极罂粟等野花在小溪边等适宜的地方盛开。黑曾湖地区是这片广大荒原上的最大绿洲。到了夏天，湖畔生机勃勃，生长着苔藓、伏柳、石楠和虎耳草等。夏季草原上有成千上万雪白的北极野兔，成群的麝牛和驯鹿。

生活在埃尔斯米尔岛上的驯鹿比大陆上的驯鹿要小。毛色较白，冬季不向南迁徙，同麝牛和北极野兔一样，只能依靠刨食积雪下的地衣和绿色植物过冬。无论冬夏，它们都是北极狐和狼的猎物。来此度夏的许多鸟，冬季都南飞到较温暖的地方。北极燕鸥几乎飞行地球半圈到南极地区去过夏天。雪鸮和岩雷鸟冬季仍留在岛上，寻觅冬季植物维持生命。北极狼也是其中之一。在世界上其他地区，狼群饱受人类的迫害而深怀戒心。然而此地人迹罕至，北极狼徜徉在冰雪荒原上悠然自得，对人类毫不畏惧。

3. 寒冷的海岸——斯瓦尔巴群岛

斯瓦尔巴群岛是挪威的属地，位于北冰洋上，巴伦支海和格陵兰海之间，由西斯匹次卑尔根岛、东北地岛、埃季岛、巴伦支岛等组成。以西斯匹次卑尔根岛为最大，约占总面积的一半，首府朗伊尔城在该岛的西岸。是最接近北极的可居住地区之一，总面积约 6.2 万平方千米。因为地处北极圈内，因此气候寒冷。冬夏各有 100 多天的极夜、极昼，国内 60% 的领土被冰川覆盖。矿藏有煤、磷灰石、铁、石油和天然气等。沿海盛产海象、海豹、北极狐、鲸等。斯瓦尔巴 65%的地区都被作为自然公园保护，以维护其独特的动植物资源。也正是由于这个原因，整个地区包括将近 5000 头北极熊，超过了居民的数量。12 世纪由北欧海盗首先发现，17 世纪成为重要的捕鲸中心，20世纪初发现煤炭资源。几个世纪以来，英国、荷兰、丹麦和挪威等国对其提出主权要求。1920 年 2 月 9 日，14 个国家签署条约，承认挪威对该岛拥有主权。根据斯瓦尔巴条约，通行权和经济开发权为国际社会共享，但严禁将该岛用于战争目的或修建军事设施。1925 年，斯瓦尔巴群岛正式并入挪威。目前，除波兰建有一小型长期研究站外，只有挪威和俄罗斯、乌克兰在岛上有居民定居。

斯瓦尔巴群岛 12 世纪由挪威人最早发现。但直到 1596 年，才被荷兰航海家威列姆·拜伦茨命名为"斯瓦尔巴"，意为"寒冷的海岸"。1925 年，《斯瓦尔巴条约》的签订，将整个群岛的主权划给挪威。根据条约规定，所有签字国的公民在斯瓦尔巴拥有平等的经商权；同时该群岛维持军备废除的状态，责成挪威保护岛上居民安全及独具特色的自然荒野地貌。

据《冰岛编年史》载，发现于 1194 年；但在荷兰探险家巴伦支与海姆斯凯尔克于 1596 年 6 月再次发现之前，未为人知。早在 1611 年，荷、英的捕鲸船即曾来此，其后法国、汉撒同盟、丹麦与挪威的捕鲸船亦相继来到，他们为争夺捕鲸权发生纠纷。最后在海岸划分势力范围，以此结束彼此的冲突。俄国人在 1715 年前到来。

1800 年捕鲸业衰退后，该群岛主要从事煤矿开采。但到 20 世纪初，美、英、挪威、瑞典、荷兰及俄国的公司与个人才开始勘测煤藏量并要求取得矿产所有权。1920 年 2 月 9 日签订的条约决定该群岛的主权归属挪威，矿权则为签约国平等享有，矿权之争乃告解决。但现在只有俄罗斯和挪威仍在该群岛采煤及输出。除采矿外，其他经济活动只有捕捞业。

因为岛周围是浅海，加以浮冰块堆积，使大部分海岸无法通航，只有 5 或 6 月到 10 月或 11 月船只可出入。但从北大西洋过来的暖流调节了气候，使西海岸有一航道在多数月份中可以通航。岛上年平均气温最高 7℃，最低 -22℃；年均降水量约 200 毫米。当地为极地气候，气温为夏季的 15℃，到冬季的 -40℃，植被主要是地衣和苔藓类，仅有的树木是小极地柳和矮桦木。

由于所处的位置特殊，斯瓦尔巴群岛成了北极地区一个很特别的地方。群岛和周围海域是最容易通向高纬度地区的中转站，这使得斯岛无论作为一个北极科考基地还是旅游点都充满吸引力。斯瓦尔巴群岛动植物种群过去比较丰富，地上行走的有北极熊、北极狐和驯鹿，海里游动的有格陵兰鲸鱼、海豹和各种鱼虾。荷兰探险家威廉·巴伦支在 1596 年踏上群岛，他在附近水域发现了大量的格陵兰鲸群，从那以后便开始了 300 年的欧洲国家对这块无主之地的鲸资源的掠夺史。在这里的一副创作于 1791 年的铜版画，真实地再现了当时的场面：海上，飘弋着数十艘渔船，捕鲸者手持鱼叉向喷着巨大水柱的鲸鱼狠狠扎去；岸上，猎手举着来复枪向北极熊和海豹射击。由于过度狩猎，斯瓦尔巴群岛上的动植物资源遭到严重破坏，有的濒于灭绝。根据 1920 年签定的《斯瓦尔巴条约》，确定斯瓦尔巴群岛的主权属于挪威，并明确规定："挪威应自由地维护、采取或颁布适当的措施，以便确保保护并于必要时重新恢复该地域及其领水内的动植物"。从此，群岛上的环境逐步得到了有效保护。现在，挪威已经在岛上建立了 3 个国家公园，3 个自然保护区，3 个植物保护区和 15 个鸟禁猎区，全岛接近 60% 的面积受到保护。即使在非保护区，狩猎也要限定季节和限于个别动物。由于自然保护措施得力，群岛上的动物群繁殖很快，在朗伊尔城经常可以看到三三两两温顺的驯鹿悠闲地觅食。中国科考队在各国北极科考站聚集的新奥勒松地区考察期间，两只北极狐一直在队员住地附近自由自在地活动。

北极熊是斯瓦尔巴群岛的标志，它属于完全被保护的动物。根据挪威有关法律，如果遇到这种凶猛的动物，要尽量躲避开，只有在自卫的情况下才允许开枪。一次，一只北极熊造访朗伊尔城，当地有关部门出动了直升机将其轰走。

挪威当局对地表的保护也非常重视。在朗伊尔宾，机动车辆必须按照规定的行车路线行驶，在新奥勒松，就连行人走路都不能离开道路，以免践踏植被。尤其值得一提的是，在这辽阔的荒岛上，却禁止随地乱扔垃圾。

斯瓦尔巴群岛居民的环境保护意识也很强。中国科考队队长、中国科学院大气物理研究所研究员高登义曾来这里进行科学考察，看到野地里的干枯的北极雪绒花很好看，就想采回留作纪念，但同行的挪威科学家提醒他不能这样做，说在这里即使植物已经枯死，也受到保护，应让其保持原状。

第四节　冰原上的居民

土著居民居住在北极地区至少有 10 000 多年的历史了。他们共有 20 多个民族，一直过着近乎游牧渔猎的原始生活。直到 1825 年以前，北极居民基本上还没有受到外界的干扰，而处在一种完全的天然状态之中。

1. 寻访北极的主人

爱斯基摩人是北极土著居民中分布地域最广的民族，"爱斯基摩"一词是由印第安人首先叫起来的，即"吃生肉的人"。因为历史上印第安人与爱斯基摩大有矛盾，所以这一名字显然含有贬义。因此，爱斯基摩人并不喜欢这名字，而将自己称为"因纽特"或"因纽皮特"人，在爱斯基摩语中即"真正的人"之意。

爱斯基摩人是由从亚洲经两次大迁徙进入北极地区的。经历了4000多年的历史。由于气候恶劣，环境严酷，他们基本上是在死亡线上挣扎，能生存繁衍至今，实在是一大奇迹。他们必须面对长达数月乃至半年的黑夜，抵御零下几十摄氏度的严寒和暴风雪，夏天奔忙于汹涌澎湃的大海之中，冬天挣扎于漂移不定的浮冰之上，仅凭一叶轻舟和简单的工具去和地球上最庞大的鲸鱼拼搏，用一根梭镖甚至赤手空拳去和陆地上最凶猛的动物之一北极熊较量，一旦打不到猎物，全家人，整个村子，乃至整个部落就会饿死。因此，应该说，在世界民族大家庭中，爱斯基摩人无疑是最强悍、最顽强、最勇敢和最为坚韧不拔的民族。

很久以来，爱斯基摩人给人的印象都是遥远、神秘、原始而且不开化的，今天我们就带您走进爱斯基摩人的生活甚至是宗教领域，更深一层地了解北极这块神奇土地上的土著居民。

北极爱斯基摩人、拉普人及其他土著民族，都是人类社会大家庭中的成员。他们在长期的与严酷的自然环境做斗争的过程中，形成了极其独特的文化。这种文化具有非常重要的科学价值。但是，由于政府管辖所引起的社会结构上的变化，以及资源开发和其他工业化过程所引起的自然环境和生活方式上的改变，使这些人数本来就很少的民族，承受着巨大的心理上和文化上的压力。而且，由于南方外来者的介入，还给他们带来了一大堆社会问题，如酗酒、吸毒、打架斗殴、虐待妇女和儿童等。过去那种自给自足的平静生活方式正在消失，代之以他们一时还难以习惯的紧张工作和激烈竞争。怎样才能使他们既跟上现代化社会前进的步伐，又保护住自己的传统文化，确实是一种严峻的挑战。

多数人类学家和考古学家认为，古老的北美洲爱斯基摩人的祖先是蒙古人，而基因人种学研究的结果却显示爱斯基摩人与西藏人的基因非常接近。不论是蒙古人还是西藏人，都属于古亚洲人。那么这些古亚洲人又是怎样到达北极的呢？目前，世界史前考古学界普遍同意古亚洲石器文化是经过白令大陆桥传播到北美洲的观点。但也有一种意见认为，这种文化是经过水路，从印度半岛向东，经所罗门群岛横穿大洋到达南美洲，然后又逐渐向北扩展，越过中美加勒比陆桥，最终到达北极地区的。不久前在智利蒙特维尔德地区发现了一处距今13 000年的细石器文化遗址，由于它和北美洲同类古文化遗址年龄一样古老，所以大大支持了这一种看法。

研究因纽特人的古人类学家通常将欧亚大陆北部的北极地区称作旧世界。由于地域广阔，历史悠久，该地区的古人类又渐渐演化出一些语言和文化上各不相同的民族。其中人数较多的种族有：生活在亚洲大陆东北角的楚科奇人和散布在西伯利亚东部北冰洋沿海一带的雅库特人。这是西伯利亚北极地区中最大的两个民族，后者来自中亚靠南的地方，进入北极的时间比较晚。他们住在木头房子里，使用铁器，把原来饲养马匹和牲口的传统变成饲养驯鹿。而且，他们不像其他民族那样完全处于原始共产制状态，而是具有一种近乎封建社会的首领制度。因此，相比之下，雅库特人的社会制度比其他北极民族似乎先进了一步，而这也是他们较晚进入北极的一个有力证据。分布在北西伯利亚和乌拉尔山脉两侧的涅涅茨人，纯粹靠打猎为生，包括到北冰洋捕杀鲸和海豹。而在雅库特和涅涅茨人之间，还有一个在数量和地域分布上都比较小的民族，那就是鄂温克人。鄂温克人在生活习惯上也介于上述两大民族之间，既能饲养驯鹿，又是捕猎能手。他们经常与雅库特人发生冲突，但同时也依靠雅库特人供给他们铁器。以上几个民族都是亚洲人。虽然涅涅茨人有点介于欧洲人和亚洲人之间，但其主要特征仍然是黄种人。只有生活在欧洲最北端的拉普人才是真正的白种人。他们又分东拉普、北拉普和南拉普，主要以养鹿为生，也兼营捕鱼、打猎和少量的农业。这是北极土著居民中唯一可以肯定的欧洲人（尼安德特人）的后裔。

　　所有北极地区土著居民的文化传统都非常相似，属于某种共同的白色寒冷文化。他们的文化传统从数千年前几乎一成不变地延续到20世纪。他们是地球上生活条件最艰苦的民族。严寒、暴风雪及食物匮乏常常直接威胁到他们的生命。但他们又是世界上最乐天安命，最和平善良的人。在爱斯基摩人聚居的地方，生活带有强烈的原始公有制色彩。男人崇尚渔猎本领，具有强烈的养育和保护整个部族的责任感，真诚地认为猎获物应当平等地归于所有同类。他们最大的耻辱莫过于因为自私或不道德的行为被部族排斥于社会生活之外。在某些村落，至今仍保留着交换妻子的风俗，对儿童则毫无例外地格外宠爱。拉普人绝大部分以放牧驯鹿为生，全家终年跟着鹿群奔波迁居，而驯鹿则为他们提供衣食住行的全部物质基础。因而称拉普人的文化是"驯鹿文化"。苔原上的部族捕猎未驯化的北极驯鹿、麝牛及其他动物。北冰洋沿岸的部族则捕猎海洋哺乳动物和鱼类，有时也猎杀北极熊。他们身穿鹿皮衣，住海豹皮帐篷，在水中乘坐海象皮划艇，在冰雪中靠驯鹿或北极狗拖拉雪橇。

　　到20世纪70年代，北极地区的土著居民不少于十几万人，以后由于矿产资源及能源的开发，北极地区20年来戏剧化地迅速繁荣起来。现在真正的爱斯基摩人大约只有15万人，但进入这一地区的外来者却已经有 700 多万人，而且还在迅速地增加。大批现代移民涌入极区，新兴城镇拔地而起，这使古老的传统文化，几乎淹没于当代文明之中。面对从南方远道而来的现代陌生人，纯朴的爱斯基摩人几乎茫然不知所措。他们放弃了渔猎，专门加工毛皮以向现代人换取工业品，却又对毛皮价格的浮动感到莫名其妙。他们因为自己的文化受到蔑视而愤怒，却又无可奈何。但是不管怎么说，爱斯基摩人的生活的确今非昔比，已经相当现代化了。在 20 年的时间里，从原始的传统生活一跃而进入了现代文明，其速度之快和变化之大不能不说是一个奇迹。然而巨大的文化反差也同时打乱了爱斯基摩人固有的心理平衡，他们对人生和前途的信心失去了支点，于是出现了酗酒和暴力。处于工业开发区的爱斯基摩人则几乎完全改变习俗，投身于工矿企业，成为与外来人一样的工人或雇员。70 年代苏联的北极人口（60°N 以北）已达 550 万，加拿大有 150 万，而挪威的斯匹次卑尔根群岛首府朗伊尔城（78°14′N），常年过冬人口已达 1200 人。

北极的爱斯基摩人生活在极其恶劣的环境中，因而他们有一套自己的生存方法。夏季，爱斯基摩猎人划着单人皮划艇，带上海豹叉或带刺梭镖、网、绳子等工具来到海豹经常出没的海面寻找猎物。猎人静静地划着双桨，不停地搜索海面。爱斯基摩猎人从小练就一副好眼力，能看见 100～200 米远处嬉戏的海豹。一旦发现猎物，猎人便快速悄悄接近目标。等到靠近时，猎人迅速拿起鱼叉使劲投向海豹。动作要快，投掷要准确，否则海豹瞬间便会潜入水中逃之夭夭。被叉到的海豹同样也会潜入水中，甚至会把船拖翻。因为即使后面拖着条船，海豹也能游得跟平时一样快，所以猎手必须用网迅速拖住海豹，直到其最后筋疲力尽。这时猎人再接近猎物，杀死它，把它拴在船边。然后全面检查一下船上设施，继续寻找下一个猎物。如果运气好，一个猎手一天能猎到两三只海豹。不走运的就只能空手而归了。

到冬季时，海面冰封，爱斯基摩人就采用另一种方法猎海豹。海豹属于哺乳类动物，虽然生活在大海中，但却靠肺呼吸，所以必须经常不断地浮到海面呼吸空气，然后再潜入水中。海豹每吸一次气，可在水下待 7~9 分钟，最长可在水中待 20 分钟左右。如果超过这个时间，它们就会窒息而死。由于北极地区冬季海面结冰，海豹无法在冰下找到换气的地方，它们就由下而上把冰层凿出一个洞，作为呼吸孔。爱斯基摩人就是通过寻找海豹呼吸孔来猎捕海豹的。

加拿大北极地区冬季时海面封冻的时间长达几个月，这段时期是爱斯基摩人食物来源最少的艰苦日子。这里的库普爱斯基摩人却有非常高明的寻找海豹方法。他们发动全村的人都到距海岸几千米的冰面上寻找海豹呼吸孔。在相当大的范围内找到一批呼吸孔后，若干名猎手便同时出发，在每一个呼吸孔旁守候一个人。这样，如果海豹在一个呼吸孔被吓跑，势必要到另一个呼吸孔吸气。守住一片区域的每一个呼吸孔，海豹就难逃天罗地网了。采用这种方法，总有一两个猎手每天猎到至少一只海豹。直到几星期后，这一地区附近的海豹全部消失，于是村里的人再迁往别处狩猎。

爱斯基摩人也用拉网的办法捕海豹。找到海豹呼吸孔后，他们在呼吸孔两侧各两米处的地方打一个冰洞，把长 4 米、宽 1 米的网布设在两个洞之间的水中。网的两端用绳子拉出冰面，系在打冰洞时堆在旁边的冰块上。网的下端，每隔半米缀上石块，使之下沉保持网的垂直。网的上端要同冰面拉开一段距离，以免网被冻在冰层的底面上。这样捕捉海豹与一般用粘网捕鱼的原理是一样的。爱斯基摩猎人通常是下网后，两三天再凿开冰面收取猎物。

每当春季的阳光开始照耀这片经历漫长寒夜的大地，白昼变得越来越长时，捕海豹的黄金季节就来到了。海豹从冰下爬到冰面上晒太阳，它们躺在呼吸孔旁边，躲在刨出的冰碴后面。晒太阳的海豹对四周环境警惕性很高，一听到动静，马上跳入水中不见踪影。海豹晒太阳的时候，每过一会儿便抬起头，四下巡视一番，看看有没有危险，如果安然无恙，便又低下头享受阳光。

这种情况下猎人只能一点一点地慢慢接近海豹。接近海豹时，通常猎人在冰面匍匐前进，等海豹抬头时，便一动不动地躺在原地，把自己也装扮成一只睡着的海豹。或者干脆趴在冰上，也抬起头四下张望，模仿海豹的动作。幸运的是，海豹的眼力不太好，难辨真伪。由于冰面上障碍物很少，难以隐蔽，所以猎人有时用白色帆布做成挡板一样的屏障，像盾牌一样遮住自己。趁海豹酣然大睡时，猎人迅速向前跑动，而当海豹抬头观望时，猎人立即原地卧倒，停止不动，好像一堆冰雪。

北极居民住雪屋

北极的爱斯基摩人的住房也是利用暖空气不下逸的原理来保持室温，度过寒冬的。有人将爱斯基摩语房屋译成"雪屋"，是不准确的。提起爱斯基摩人就联想到他们住在雪屋中，其实这也是非常片面的。实际上有3/4的爱斯基摩人都没见过这种雪屋，常年住在雪屋的只是极地爱斯基摩人。由于没有木材、草泥，他们只能就地取材，用雪块建造房屋。

加拿大北部地区常年大风不断，气温极低，帐篷无法御寒，所以这一地区的爱斯基摩人建造了有名的圆顶雪屋。库普爱斯基摩人，耐特斯里克爱斯基摩人，伊格鲁尼克爱斯基摩人，驯鹿爱斯基摩人和魁北克爱斯基摩人冬季一般都使用雪屋，这些人只占爱斯基摩人口总数的8%，但他们所居住的地理区域很广。

传统的北极居民服装

爱斯基摩人的衣服都采用动物的毛皮为原料，所以能最好地抵抗北极的严寒。驯鹿皮、熊皮、狐皮、海豹皮，甚至狼皮都是做衣服鞋子的主要材料。

有的地区，妇女穿的裤子和靴子连成一体。儿童的衣服多是从头到脚连成一体，只在臀部部位开一个洞，平时这部分自然闭合，不用担心冻坏孩子。爱斯基摩人的衣服十分巧妙地运用了空气的物理性质——热空气不会向下散逸的原理。在北极地区生活的其他民族也有类似于爱斯基摩人的衣服，但是没有爱斯基摩人的保暖，且便于活动。爱斯基摩人通常上身只穿一件厚厚的皮袄，不穿内衣，皮袄很轻，下面虽然敞着口，但暖空气向上升，所以不会从下面散失。皮袄带有连衣帽，系得紧紧的，以防热量从上面散失。如果感到很热，只需稍稍松开帽子，让暖气流走。连衣帽的边缘镶有狼獾皮或狼皮，因为这两种皮与其他毛皮不同，所以人呼出的水汽不会在上面凝结成冰。外出打猎或活动不多时，爱斯基摩人再穿上宽大的风雪外衣，这种外衣的毛皮朝外，主要功能是防风雪。

传统爱斯基摩人在极冷的气候下可以穿上好几双鞋，一双套着一双，通常在轻软的鞋外再套上最外层的靴子。他们的连指手套宽大，长至袖子，因为外衣很大，所以穿着的人可以把手缩进去暖和暖和。两件毛皮上衣、毛皮裤子、长筒靴以及连指手套，穿上这身行头，在零下四五十摄氏度的寒冷中也能泰然处之，待上几个小时不成问题。

2. 永久性居民真正的历史

地球的历史大约有 46 亿年，而生命的出现至少也有几十亿年了。然而，只是到了 6500 万年以前，地球上才出现了哺乳动物。尔后才出现了哺乳动物的最高形式——灵长目的猿类。他们大多生活在热带雨林里，靠树叶和果实充饥。经过漫长的进化和发展，到了大约 200 万年前，地球上出现了猿人，他们不再仅仅是工具的使用者，而且也是工具的制造者，这是人类进化史上的一个极其重要的里程碑。如果说，在这之前的猿类，从腊玛古猿到南方古猿，都只能称作类人猿的话，那么，在这之后的人类则可称作原始人了。

到了大约 10 万年以前，人类的进化又经历了一次质的飞跃，一种更接近于现代人的原始人类，广泛分布于欧亚大陆。从德国到非洲，从比利时到中国，到处留下了他们的足迹。由于他们的遗骸最早是在德国的尼安德特山谷发现的，所以被称为尼安德特人。他们演化了一种适于寒冷条件下生存的文化——在有山洞的地区则穴居于洞中，而在平原上则懂得用兽皮制造帐篷。他们生存能力不仅明显提高，而且思维能力也有了质的进步，他们既有能力杀死凶猛的野兽，同时又把它们尊为神灵。直到今天，这一类传统仍然在北极的土著居民中广为流传。这就有力地证明，尼安德特人很可能在人类历史上首先越过了北极圈。

人类何时进入美洲大陆，最可靠的证据是在加拿大育空地区北部、一个叫钱鱼洞的地方发现的。这里有一些早期人类用灰岩垒起来的居住点遗址，其中除了一些与在西伯利亚可以找到的同一时代相似的石器工具之外，还有一些大约在 15 000 ~ 20 000 年以前就已经灭绝

了的动物骨骼。这一发现有力地表明，至少是在 15 000～20 000 年以前，人类就已经定居在加拿大北部地区，而这些人肯定是由西往东迁移过来的。

人类是从欧亚大陆首先扩展到北极地区，因而有人把这一地区称为旧世界。后来，有的部落越过白令海峡的陆桥，进入北美大陆，因此这一地区被称为新世界。起初，人类不大可能全年都生活在北极地区，因为没有足够的保暖手段和技能是无法抵御冬天的严寒的。那时人类大部分时间都是生活在北极的森林之中，这儿不仅便于栖居，而且有足够的燃料。他们只在夏天，才深入到北极圈里去狩猎。秋天一冷，则撤回到森林之中。历史学家通过对广泛分布于北极各地考古遗址的发掘和分析之后认为，人类真正生活在北极，成为永久性的居民，大约只有 4000 多年的历史。

第三章　冰雪天地——南极

　　"南极"在我们的印象中似乎更像是神秘地域的代名词，关于那里的传说实在是太多太多了，那里至今人类的足迹还是寥寥无几，除了科考队员与探险者，根本没有人可以把自己置身在那样严酷的环境中。其实关于南极的问题有很多很多，南极可怕的极度严寒究竟是怎么形成的？企鹅是只存在于南极吗？它们为什么不怕南极严酷的低温环境？同样位于地球的两极，为什么北极的生物种类和数量要比南极多得多？臭氧空洞，冰川融化，海水温度开始升高，未来的南极将走向哪里呢？

第一节　寻找最后一块大陆

　　南极被人们称为第七大陆，是地球上最后一个被发现、唯一没有土著人居住的大陆。南极大陆的总面积为 1390 万平方千米，相当于中国和印巴次大陆面积的总和，居世界各洲第五位。整个南极大陆被一个巨大的冰盖所覆盖，平均海拔为 2350 米。南极洲蕴藏的矿物有 220 余种。

1. 揭开南极大陆神秘面纱

近数十年的科学考察，也同时使我们对南极洲"很熟悉"了，但你知道它的历史吗？南极大陆的由来有其深远历史渊源。地质学家们认为，南极洲大陆是由几亿年前的古联合大陆分离、解体、漂移后的残余部分。那么，联合古陆其他的部分跑到哪儿去了呢？这还得讲一讲地球早期的演化历史：在 1.95 亿年以前，地球上的陆地曾在赤道附近汇聚为一块巨大的"联合古陆"。但是，这种汇聚仅维持了很短时间，超级大陆逐渐便分裂为南北两块：当时北方的美洲大陆与欧亚大陆还非常亲密地连在一起，称劳亚大陆；而南方则为冈瓦纳大陆，它由南美洲、非洲、南极洲等联合构成。大约在 1.7 亿年前，冈瓦纳大陆内部又分裂为东、西两块，其中南极洲、印度和澳大利亚共同构成东冈瓦纳大陆。1 亿多年后，大约距今 5300 万年前，澳大利亚也与南极洲开始分离，约在 3900 万年前，澳大利亚终于最后丢弃了南极洲，逐渐漂移而去，而孤独的南极洲大陆也就独自漂移到了现今的位置。

横贯南极的山脉将南极大陆分为两部分。东南极洲，面积较大，为一古老的地盾和准平原，横贯南极山脉绵延于地盾的边缘；西南极洲面积较小，为一褶皱带，由山地、高原和盆地组成。东西两部分之间有一沉陷地带，从罗斯海一直延伸到威德尔海。南极洲大陆平均海拔 2350 米，是地球上最高的洲。最高点玛丽·伯德地的文森山海拔 5140 米。大陆几乎全部被冰雪所覆盖，冰层平均厚度有 1880 米，最厚达4000米以上。大陆周围的海洋上有许多高大的冰障和冰山。全洲仅2%的土地无长年冰雪覆盖，被称为南极冰原的"绿洲"，是动植物主要生息之地。"绿洲"上有高峰、悬崖、湖泊和火山。南极大陆共有两座活火山，那就是欺骗岛上的欺骗岛火山和罗斯岛上的埃里伯斯火山。欺骗岛火山在1969年2月曾经喷发过，使设在那里的科学考察站顷刻间化为灰烬，直到现在，人们仍然对此心有余悸。

南极洲的气候特点是酷寒、风大和干燥。全洲年平均气温为-25℃，内陆高原平均气温为-56℃左右，极端最低气温曾达-

89.8℃，为世界最冷的陆地。全洲平均风速 17.8 米/秒，沿岸地面风速常达 45 米/秒，最大风速可达 75 米/秒以上，是世界上风力最强和最多风的地区。绝大部分地区降水量不足 250 毫米，仅大陆边缘地区可达 500 毫米左右。全洲年平均降水量为 55 毫米，大陆内部年降水量仅 30 毫米左右，极点附近几乎无降水，空气非常干燥，有"白色荒漠"之称。

南极洲每年分寒、暖两季，4 至 10 月是寒季，11 至 3 月是暖季。在极点附近寒季为极夜，这时在南极圈附近常出现光彩夺目的极光；暖季则相反，为极昼，太阳总是倾斜照射。

南极洲是由冈瓦纳大陆分离解体而成，是世界上最高的大陆。南极横断山脉将南极大陆分成东西两部分。这两部分在地理和地质上差别很大。东南极洲是一块很古老的大陆，据科学家推算，已有 30 亿年的历史。它的中心位于南极点，从任何海边到南极点的距离都很远。东南极洲平均海拔高度 2500 米，最大高度 4800 米。在东南极洲有南极大陆最大的活火山，即位于罗斯岛上的埃里伯斯火山，海拔高度 3795 米，有四个喷火口。西南极洲面积只有东南极洲面积的一半，是个群岛，其中有些小岛位于海平面以下。但所有的岛屿都被大陆冰盖所覆盖。较古老的部分包括有玛丽伯德地南部、埃尔斯沃思地、罗斯冰架和毛德皇后地等有花岗岩和沉积岩组成的山系。该山系向南延伸至向北突出的南极半岛的中部。西南极洲的北部，即较高的部分是由第三纪地质时期的火山运动所造成的。南极洲的最高处——文森山地位于西南极洲。南极大陆 98% 的地域被一个直径为 4500 千米永久冰盖所覆盖，其平均厚度为 2000 米，最厚处达 4750 米。南极夏季冰架面积达 265 万平方千米，冬季可扩展到南纬 55°，达 1880 万平方千米。总贮冰量为 2930 万立方千米，占全球冰总量的90%。如其融化全球海平面将上升大约60米。南极冰盖将1/3的南极大陆压沉到海平面之下，有的地方甚至被压至1000米以下。南极冰盖自中心向外扩展，在山谷状地形条件下，冰的运动呈流动状，于是形成冰川，冰川运动速度从100～1000米不等。每年因断裂而被排入海洋巨型冰块则形成冰山。沿海触地冰山可存在多年，未触地冰山受潮汐与海流作用漂移北上而逐渐融化。

南极素有"寒极"之称，南极低温的根本原因在于南极冰盖将80%的太阳辐射反射掉了，致使南极热量入不敷出，成为永久性冰封雪覆的大陆。南极仅有冬、夏两季之分。每年4月至10月为冬季，11月至次年3月为夏季。南极沿海地区夏季月平均气温在0℃左右，内陆地区为－15℃～－35℃；冬季沿海地区月平均气温在－15℃～－30℃，内陆地区为－40℃～－70℃。前苏联的"东方"站记录到的南极最低气温为－88.3℃。南极气温随纬度与海拔的升高而下降。

南极虽然贮藏了全球75%的淡水资源，但因其是以永久固态方式存在的，所以南极又是异常干旱的大陆，素有"白色沙漠"之称。南极年平均降雨量为120～150毫米，沿海地区为900毫米，内陆地区仅为50毫米。有些地区仅为20～30毫米。

南极"西风带"是海上航行最危险的地区，在南纬50°～70°之间，自西向东的低压气旋接连不断，有时多达6～7个，风速可达每小时85千米。而自南极大陆海拔高的极点地区向地势低缓的沿海地区运动的"下降风"，风势尤为强烈，其速度最大可达到300千米/小时，有时可连刮数日。

南极洲是地球上最遥远最孤独的大陆，它严酷的奇寒和常年不化的冰雪，长期以来拒人类于千里之外。

南极禁狗令

南极大陆可以说是全世界唯一没有狗的地区。"国际南极条约组织"出于保护南极环境考虑，1991年在西班牙马德里发布南极禁狗令："狗不宜再引进南极大陆和冰架，南极区域所有的狗都要在1994年4月前离开。"遵照禁令，当时各国南极考察队员都依依不舍地送走犬只，与向带来欢乐和情感慰藉的爱犬们说再见，送它们离开南极。所有的犬只于1994年初就全部撤离南极地区。此后驻扎在南极的各国考察研究队伍就没有任何的犬只陪伴。

在南极发展研究探勘史上，用于拉雪橇替代人力，狗在南极发挥了重要的作用。但是随着机械化水平大幅度提高，狗的作用大大降低，只剩下当人类宠物的功能。到目前为止，世界所有的相关国家都遵守禁令，做到南极无狗的要求。

2. 一路北吹的南极的风

南极地区由于海拔高，空气稀薄，再加上冰雪表面对太阳辐射的反射等，使得南极大陆成为世界上最为寒冷的地区，其平均气温比北极要低20℃。南极大陆的年平均气温为-25℃。南极沿海地区的年平均温度为-17℃~20℃左右；而内陆地区为年平均温度则为-40℃~-50℃；东南极高原地区最为寒冷，年平均气温低达-57℃。到现在为止，地球上观测到的最低气温为摄氏-88.3℃，这是1983年7月前苏联在南极设立的"东方"站记录到的，在这样的低温下，普通的钢铁会变得像玻璃一般脆；如果把一杯水泼向空中，落下来的竟然是一片冰晶。

南极的寒冷首先是与它所处的高纬度地理位置有关，由于高纬度地理位置，导致了在一年中漫长的极夜期间没有太阳光。同时，与太阳光线入射角有关，纬度越高，阳光的入射角越小，单位面积所吸收的太阳热能越少。南极位于地球上纬度最高的地区，太阳的入射角最小，阳光只能斜射到地表，而斜射的阳光热量又最低。再者，南极大陆地表95%被白色的冰雪覆盖，冰雪对日照的反射率为80%～84%，只剩下不足20%到达地面，而这可怜的一点点热量又大部分被反射回太空。南极的高海拔和相对稀薄的空气又使得热量不容易保存，所以南极异常寒冷。

南极不仅是世界最冷的地方，也是世界上风力最大的地区。那里平均每年8级以上的大风有300天，年平均风速19.4米/秒。1972年澳大利亚莫森站观测到的最大风速为82米/秒。法国迪尔维尔站曾观测到风速达100米/秒的飓风，这相当于12级台风的3倍，是迄今世界上记录到的最大风速。南极风暴所以这样强大，原因在于南极大陆雪面温度低，附近的空气迅速被冷却收缩而变重，密度增大。变重了的冷空气从内陆高处沿斜面急剧下滑，到了沿海地带，因地势骤然下降，使冷气流下滑的速度加大，于是形成了强劲的、速度极快的下降风。南极没有四季之分，仅有暖、寒季的区别。暖季11月至3月；寒季4月至10月。暖季时，沿岸地带平均温度很少超过0℃，内陆地区平均温度为−20℃～−35℃；寒季时，沿岸地带为−20℃～−30℃，内陆地区为−40℃～−70℃。1967年初，挪威在极点附近测得−94.5℃的低温。据估计，在东南极洲上可能存在−95℃～

-100℃的低温。

常年大风的南极南极圈纬度上有个法国南极站，据该站研究人员观测年平均风速达到每秒 10 米以上，全年 7 级以上大风多达 301 天，最大风速是每秒 90 米。南极的风很大，但并非处处是大风。南极内陆广大地区的风普遍很小，如前苏联东方站每年 8 级以上大风平均只有 4 天，最多的 1968 年也才 13 天。而中国北京、上海等地每年刮 8 级以上大风也有 20.4～20.9 天之多，最多年份可达 35～48 天。北极地区风更小，观测记录表明，北极中部地区多数风速都在每秒 3～5 米之间，只有一次超过每秒 20 米。

小百科

南极之最

南极大陆是世界上最孤立的大陆，周围被一片茫茫的海洋所包围。南极大陆是世界上最寒冷的大陆，迄今为止，世界上记录到的最低温度 -88.3℃ 就是在那里观测到的。南极是世界上风最大的大陆，南极沿海地区的年平均风速为 17～18 米/秒，一阵风可达 40～50 米/秒，最大风速达到 100 米/秒，被叫做"暴风雪之家"，或者为"风极"。南极大陆是世界上最高的大陆，南极洲的平均海拔高度是 2350 米。南极大陆是世界上最干燥的大陆，在南极点附近，年降水量近于零，比非洲撒哈拉大沙漠的降水量还稀少，形成干燥的"白色的沙漠"。

南极大陆是冰雪量最多的大陆南极洲的面积约 1400 万平方千米，南极大陆上的大冰盖及其岛屿上的冰雪量约为 24×10^6 立方千米，大于全世界冰雪总量的 95%。

3. 生机盎然的南大洋

南极洲是一个与世界其他陆地隔离的大陆，大部分季节里气候严寒、空气干燥、风速很大，而且太阳照射时间少，生长季节短，大陆被冰雪覆盖而缺乏营养，这种恶劣的环境严重限制了陆地植物的生长，因而植物稀少，没有高大的树木，也很难见到花卉。据报道，南极洲已发现植物 850 余种，多数为低等植物，主要为地衣、苔藓和藻类。只有 3 种开花植物属于高等植物，并且还都是生活在南极圈以外的南极半岛上。也就是说，在南极圈以内看不到任何鲜花。

深入冰雪茫茫的南极大陆腹地，除了夹着冰雪碎粒的狂风外，既没有鸟叫，也听不见虫鸣，简直就是一片毫无声息的冰雪荒漠。大陆边缘，有时可以看到掠空而过的贼鸥和下海归来的企鹅，就再也看不见什么生命了。但是，走进南大洋，这里却是一片生机盎然的生物世界。

南大洋过去曾称为南极洋或南冰洋，它是一个围绕南极大陆的由大西洋、太平洋以及印度洋的南极部分组成的巨大的大洋，其北界的界限位于南纬 48°~62° 之间，这条界线也是南大洋冰缘平均分布的界线，水温和盐度在这里发生急剧的变化。南大洋总面积约为 7500 万平方千米，是世界上唯一完全环绕地球而没有被任何大陆分割的大洋。它具有独特的水文特征，不但生物量丰富，而且对全球的气候亦有举足轻重的影响。

南大洋中栖息着数千种海洋生物，从单细胞的浮游植物到几米长的大型海藻；从小型的浮游动物到大型的哺乳动物海豹、海狮，乃至百吨重的巨鲸；从会飞的海鸟到不会飞的企鹅，种类繁多，千姿百态。就生物的分布而论，从岸边的礁石、沙滩到潮间带，从浅海到数千米的海底深渊，从海水到浮冰，都有它们的踪迹。可以说分布广泛，个体稠密，生机盎然。

与地球的其他各大洋相比，南大洋的生物种类虽然不多，但数量却大得惊人，如蕴藏量约几亿到几十亿吨的南极磷虾；第二次世界大战前提供世界总捕鲸量70%的鲸鱼；约有数亿多只的企鹅；数量占世界首位的海豹；浮游植物的密度也相当高，有时每立方米海水中约含有1亿个细胞。

种类少，数量多，这是南大洋生物的特点之一。但是因为数量多，掩盖了其种类少的不足，使南大洋仍然是一派生机盎然。南大洋

生物的另一个特点是生长慢、代谢低、耐寒冷、耐黑暗、个体大、寿命长。例如南极的某些鱼类，每年生长几厘米；南极鳕鱼能忍耐 -1.87℃的低温；罗斯冰架发现了耐黑暗而腹中空空的浮游生物；帝企鹅能忍耐 -70℃ ~ -60℃的低温，平均体重只有 43 千克；蓝鲸的体重高达 150 吨；象海豹的体重达 6 吨；最大的乌贼重达 143 千克等等生物特性都说明以上特点。

第二节　人类的探索步伐

数百年来，为征服南极洲，揭开它的神秘面纱，数以千计的探险家，前仆后继，奔向南极洲，表现出不畏艰险和百折不挠的精神，创造了可歌可泣的业绩，为我们今天能够认识神秘的南极做出了巨大的贡献。我们在欣赏南极美丽美观景色的同时，不会忘记对他们表示我们崇高的敬意。

1. 终结南极的孤独

在人类的足迹到达之前，南极一直是孤独的，它一直静静地守候在那里，等待着人类的到访，而这样的到访一直等到了人类可以远航后，才实现的。最先对这片处女地进行征服的是英国人詹姆斯·库克。数百年来，为征服南极，数以千计的探险家奔向南极。1984 年，中国第一支南极洲考察队也前往南极，展开了对这片神秘土地的探险之旅。

　　关于南极早在公元 2 世纪的希腊地理学家托勒密写出了影响世界的《地理学》，他认定：在赤道与南极之间，有一块巨大的"未知的南方大陆"，与北半球的大陆保持平衡。并绘出了表达这一理论的托勒密世界地图。虽然，托氏的地图原本散失，但中世纪有其抄本神奇传世。在这类抄本中，非洲大陆的南端是与南极洲相连的。1488 年迪亚士发现好望角、1585 年德雷克绕过火地岛，证明了非洲与美洲大陆都不与"南方大陆"相连。此时的南极是神秘的未知大陆。

　　15 世纪后半期帆船制造业和航海技术的巨大成就，使人们远航成为可能，南极面纱也随着航海技术的发展层层揭开，这个时期开拓式的人物是英国的詹姆斯·库克。从 1772 年库克扬帆南下到 19 世纪末，先后有很多探险家驾帆船去寻找南方大陆，历史上把这一时期称为帆船时代。1769 年，英国皇家海军派出专门的科考船远赴南太平洋，库克船长领导了这次远航，他除了记录 1769 年 6 月 3 日的金星凌日现象外，还有一个秘密使命："即观察完金星凌日后，继续向南航行，寻找未知的大片土地。"所以，离开塔希堤岛以后，"奋进"号在南太平洋又游荡了两年。1769 年 9 月到 1770 年 4 月，库克先后到达了新西兰和澳大利亚，并对新西兰和澳大利亚海岸线做了详细考察。由于第一次南太平洋探险没有找到"南方大陆"，英国政府又加大了探险投入。

　　1772 年到 1774 年间，库克再次带着皇家海军提供的"决心"号和"冒险"号两艘帆船，两度深入南极区域探险。库克完成了环绕南极海域一周的航行，并在西经 145° 和西经 106°54′处，两次越过南极圈，最南曾到达 71°10′的高纬地方。在这个离南极大陆只差 70 多英里位置上，库克的木船被坚冰阻住了航路。但他还是创造了当时深入南极最高纬度的纪录。英国航海家库克进入南极深处的纪录保持了半个世纪后，美国探险家戴维斯才打破了他的纪录，并在南纬78°见到了南极大陆的一个半岛。此后，探险家们前赴后继地向南，再向南。1820年11月18日，美国的帕默乘"英雄"号单桅纵帆船，发现了奥尔良海峡和后来证实为从南极大陆延伸出来的南极半岛的西北岸。美国地图绘制者一直将这个半岛称为帕默半岛。然而，英国的地图绘制者称，皇家海军的布兰斯菲尔德早在1820年1月30日就发现这个半岛了，他们称之为格雷厄姆地，到1964年，英语系国家才同意以南极半岛为名，而其北部称为格雷厄姆地，南部称为帕默地。当时的许多历史学家也同意，布兰斯菲尔德曾在南设得兰群岛和大陆之间的海峡中航行。并发现后来被帕默看到的岛屿。

南极的探险，在 1820～1830 年趋于白热化。戴维斯是第一位登上南极半岛的人，他是在 1821 年 2 月 7 日乘"西西利亚"号纵帆船登陆的。1823 年，英国航海家威德尔率两艘小船发现了威德尔海。1831 年，英国捕鲸队船长比斯科率"图拉"号和"莱夫利"号两艘小船发现了恩德比地。

1895 年 1 月，挪威"南极洲"号捕鲸船一行人在船长克里斯滕森率领下登陆阿代尔角，其中的 E. 博克格雷温克成为第一支在南极大陆过冬的英国探险队的领队。同时，他也是坐雪橇深入内陆而到达 78°50′S 处的第一人，是当时人们所到达的最南的地方。

库克船长的小屋

库克船长小屋与菲茨罗伊花园位于澳大利亚东墨尔本的惠灵顿大道，这座石屋是卓越的英国航海家库克船长的故居，1755 年建于英国，1934 年当维多利亚州一百周年纪念之际，由格里姆韦德爵士赠送给墨尔本人民，这座石屋被拆卸后运至墨尔本，然后依原样组建起来。

2. 征服南极点

究竟是谁第一个征服了南极点，又是怎样征服了南极点，从而让人类开始重新认识我们星球上这片未被开垦的处女地的呢？一般来说是法国的杜蒙·杜维尔在 1840 年 1 月 18 日发现南极大陆，英国海军上尉查尔斯·威尔克斯于晚一日发现南极大陆。但由于有"日界线"

的关系，这一说法颇有争议。

大家统一认定的第一个到达南极极点的人是罗尔德·阿莫森以及他的随行人员，到达时间是 1911 年 12 月 14 日。阿莫森的主要对手罗伯特·斯科特在一个月后到达南极。在回程的时候，斯科特以及他的同伴四人全部由于饥饿和极度的寒冷而死亡。往后，曾经有七队探险队利用陆上交通到达南极。为纪念阿莫森和斯科特，阿莫森—斯科特南极站于 1958 年在国际地球物理年上建立，并永久性地为研究和职员提供帮助。

罗伯特·弗肯·斯科特是英国皇家海军军官，原先他既不是探险家，也不是航海家，而是一个研究鱼雷的军事专家。1901 年 8 月，他受命率领探险队乘"发现"号船出发远航，深入到南极圈内的罗斯海，并在麦克默多海峡中罗斯岛的一个山谷里越冬，从而适应了南极的恶劣环境，为他后来正式向南极点进军打下了基础。斯科特攀登南极点的行动虽比挪威探险家阿莫森早约两个月，但他却是在阿莫森摘取攀登南极点桂冠的第 34 天，才到达南极点，他的经历及后果与阿莫森相比有着天壤之别。虽然他到达南极点的时间比阿莫森晚，但却是世界公认的最伟大的南极探险家。

1910 年 6 月，斯科特率领的英国探险队乘"新大陆"号离开欧洲。1911 年 6 月 6 日，斯科特在麦克默多海峡安营扎寨，等待南极夏季的到来。10 月下旬，当阿莫森已经从罗斯冰障的鲸湾向南极点冲刺时，斯科特一行却迟迟不能向目的地进军。因为天气太坏，虽值夏季但风暴不止，又几个队员病倒了，所以直到 10 月底，斯科特便决定向南极点进发。

1911 年 11 月 1 日，斯科特的探险队从营地出发。每天冒着呼啸的风雪，越过冰障，翻过冰川，登上冰原，历尽千辛万苦。当他们来到距极点 250 千米的地方时，斯科特决定留下他本人和 37 岁的海员埃文斯、32 岁的奥茨陆军上校、28 岁的鲍尔斯海军上尉，继续向南极点挺进。

1912 年初，应该是南极夏季最高气温的时候了，可是意外的坏天气却不断困扰着斯科特一行，他们遇到了"平生见到的最大的暴风雪"，令人寸步难行，他们只得加长每天行军的时间，全力以赴向终点突击。

1912 年 1 月 16 日，斯科特他们忍着暴风雪、饥饿和冻伤的折磨，以惊人的毅力终于登临南极点。但正当他们欢庆胜利的时候，突然发现了阿莫森留下的帐篷和给挪威国王哈康及斯科特本人的信。阿莫森先于他们到达南极点，对斯科特来说简直是晴天霹雳，一下子把他们从欢乐的极点推到了惨痛的极点。

此刻，斯科特清楚地意识到，队伍必须立刻回返。他们在南极点待了两天，便于 1 月 18 日踏上回程。半路上，两位队员在严寒、疲劳、饥饿和疾病的折磨下，先后死去。剩下的队员为死者举行完葬礼，又匆匆上路了。在距离下一个补给营地只有 17 千米时，遇到连续不停的暴风雪，饥饿和寒冷最后战胜了这些勇敢的南极探险家。3 月 29 日，斯科特写下最后一篇日记，他说："我现在已没有什么更好的办法。我们将坚持到底，但我们越来越虚弱，结局已不远了。说来很可惜，但恐怕我已不能再记日记了。"斯科特用僵硬不听使唤的手签了名，并作了最后一句补充："看在上帝的面上，务请照顾我们的家人。"

过了不到一年，后方搜索队在斯科特蒙难处找到了保存在睡袋中的 3 具完好的尸体，并就地掩埋，墓上矗立着用滑雪杖作的十字架。

斯科特领导的英国探险队的勇敢顽强精神和悲壮业绩，在南极探险史上留下了光辉的一页。他们历经艰辛，艰苦跋涉，却没有将所采集的17千克重的植物化石和矿物标本丢弃，为后来的南极地质学做出了重大贡献。它们探险的日记、照片，也都是南极科学研究的宝贵史料，至今仍完好地保存着。为了让人们永远地纪念他们，美国把1957年建在南极点的科学考察站命名为阿莫森——斯科特站。

20世纪初，各国将目光投向南极、北极和珠穆朗玛峰，展开了新的探险时代和一场没有硝烟的征服战。这是一场探险家与大自然无穷力量间的斗争，也是人类对自己极限的挑战。南极大陆未来的开发利用，已经为世界各国关注。各种瓜分南极的主张和借口应运而生。其目的主要在于夺取南极大陆丰富的资源——尤其是能源。各国政府耗资巨大地支持南极探险和考察，其重要目的之一就在于跻身南极，为未来着眼。

目前已有28个国家在南极设立了科学考察站，在南极建立了150多个科学考察基地，这些众多的考察站，根据其功能大体可分为：常年科学考察站、夏季科学考察站、无人自动观测站三类。其中，常年科学考察站有50多个，中国的昆仑站、南极长城站和中山站都是常年科学考察站；夏季科学考察站在南极洲大约有100多个，经常使用的有70~80个左右，中国在南极洲没有夏季科学考察站。

从各国南极科学考察站的分布来看，大多数国家的南极站都建在南极大陆沿岸和海岛的夏季露岩区。只有美国、俄罗斯和日本、法国、意大利、德国以及中国在南极内陆冰原上建立了常年科学考察站。其中，美国建在南极点的阿莫森—斯科特站、前苏联的东方站最为著名。2009年1月27日，农历大年初二，中国在南极内陆"冰盖之巅"成功建立了第三个南极科学考察站——昆仑站，这标志着中国已成功跻身国际极地考察的"第一方阵"，成为继美、俄、日、法、意、德之后，在南极内陆建站的第 7 个国家。

为了在南极内陆建站，从 1996 年至 2008 年，中国南极考察工作者锲而不舍地进行了 6 次南极内陆考察。2005 年 1 月 18 日，中国第 21 次南极考察冰盖队在人类历史上首次成功到达了南极内陆冰盖的最高点——冰穹 A 地区，为中国在南极内陆建站奠定了坚实的基础；2008 年 1 月 12 日，中国第 24 次南极考察冰盖队再次成功登顶，为内陆站建设开展选址工作。

第三节　南极在哭泣

由于人类的活动，地球的健康正面临着越来越严峻的考验，可谓"从头到脚"毛病不少。科学家发现，如今南极上空的臭氧层空洞的面积和深度都创下了历史纪录，完全修复需要 60 年时间。而海洋由于遭受污染也出现了 200 个"死亡地带"。根据美国航空航天局发布的最新观测结果，近年来南极臭氧损耗严重。南极臭氧空洞平均面积为 2745 万平方千米，比北美洲的面积还大。

更令科学家吃惊的是，臭氧层中距地表 12.9 ～ 21.9 千米范围内的臭氧基本被损耗殆尽。7、8 月份时，这一区间的平均臭氧量为 125 多布森单位，目前已经急剧下降，最低时测到的臭氧量仅为 1.2 多布森单位，几乎完全耗尽。

臭氧层是指距离地球 25 ～ 30 千米处臭氧分子相对富集的大气平流层。它能吸收 99% 以上对人类有害的太阳紫外线，保护地球上的生

命免遭短波紫外线的危害。当臭氧层厚度低于 220 个多布森单位时，便被认为出现空洞。1974 年美国加利福尼亚大学的罗兰和莫莱特发现，大气臭氧层已遭到严重破坏，人类头顶上的这把"伞"已出现空洞，并造成地球温室效应加剧。这主要是由于人类活动产生的氯氟烃等化学物质进入臭氧层后，消耗臭氧造成的。

"奥拉"卫星的微波分叉发声器测量显示，今年 9 月中下旬，南极平流层下部的含氯化合物一直处于极高水平。另外，平流层气温也是影响臭氧空洞的主要因素。气温偏低时，空洞面积变大、深度增加。气温偏高时，空洞面积缩减。10 月至 11 月间，臭氧空洞将持续恶化，预计紫外线照射会异常增强。由于臭氧层损耗物质的释放已经受到国际公约的限制并在持续减少，科学家估计，南极洲臭氧层空洞到 2065 年可以完全修复。

开怀大笑威胁臭氧层？

开怀大笑一向被视为一种可以强身健体的良方妙药，除了有助血液循环，加速新陈代谢，还可以通过这一呼一吸的短暂有氧运动，让呼吸系统更畅顺。不过，你可知道，人们开怀大笑时所释放的一氧化二氮，或称"笑气"，却是臭氧层最大的威胁。

据美国科学家发现，一氧化二氮已超越氟氯化碳，成为大气层的消耗臭氧物质中最具破坏力的物质。一项由美国海洋和大气管理署进行的研究指出，人类活动所排放的一氧化二氮占全球排放量的 1/3。此外，当土壤和海洋中的细菌进行含氮化合物分解时，此气体也会自然产生。不过，和氟氯化碳不同，一旦一氧化二氮被广泛使用于冰箱，将没有任何国际条约来约束此气体的排放。

根据 1987 年通过的《蒙特利尔议定书》规定，人们必须对冰箱和空调设备中对吞噬臭氧的罪魁祸首——氟氯碳化实行全面控制，以保护大气层。不过，这项协议并不包括一氧化二氮的排放。研究小组领导人拉维斯善卡拉教授表示，在过去 20 年来，氟氯化碳减排工作已取得了巨大成效，但人造一氧化二氮却仍是臭氧层的最大威胁。他警告，若人们不采取防范措施，一氧化二氮将继续消耗臭氧层，导致严重后果。

第四章　极地生灵

　　极地是地球的两个端点，它是地球上的净土。那里景色独特，令人向往。一望无际的白雪世界，巍峨耸立的冰山，憨态可掬的北极熊，温文尔雅的南极企鹅……这些小生灵在这个纯洁的世界中悄无声息地生存和发展，它们是这个世界的主宰者，它们已经与这个世界融

为一体，一同构成了美丽和谐的极地世界。

第一节　北极的生物圈

被冰冻的海洋所占据着的北极圈本身就是一个与众不同的世界，冬天的斜阳微弱的光线几乎带不来任何的温暖，气温很少超过 $-50℃$。一年中的大多数时候，这里总是漆黑一片、寒冷刺骨。对大多数生活在这里的生物来说，不管是否生活在水里，大部分海面都已经冰冻的冬天都是一个严峻的挑战。

1. 热闹的北冰洋

生物的组成在北极与南极有着天壤之别，尽管北极地区也寒风凛冽，气候多变，冬季气温也常在 $-60℃$ 以下，大部分地区还属于永久冻土带，但毕竟没有南极洲那么酷寒，因此，北极的生命活动比南极洲要活跃得多了。

在北极，夏季虽短却是鸟语花香，即使在漫漫的极夜，甚至在北极点附近的冰原上，也可以看到出没于冰上和水中的海象、海豹及到处游逛的北极熊。

北极地区的植物比南极长得茂盛得多，种类也多。在整个北极地区，地衣有 3000 多种，苔藓有 500 多种，各种各样的开花植物则达900 种之多，还有南极洲没有的裸子植物。但其典型的植物当属泰加

　　林中的落叶松，而最典型的低等植物则是地衣，其寿命最长可达400年。北极地衣是菌类和蓝藻类的结合体，适应北极的高寒环境，是寒区重要的物种资源。在北极苔原上的各种显花植物，它们在夏季时点缀在漫漫的沼泽地上，使北极陆地与南极大陆形成鲜明的对比。那些红猴花、山金车花、紫虎茸草、曼陀罗花、银莲花和龙胆花等构成了北极色彩斑斓的世界。在阿拉斯加北部、加拿大的北部岛屿以及北纬80°左右的格陵兰岛北部地区，仍然可以看到百余种开花植物，它们成了地球上纬度最高的开花植物了。但是最有经济意义的植物还是泰加林的木材，他们是阿拉斯加以及西伯利亚地区主要的经济支柱。

　　北极地区的鸟类共有120多种，一到夏天，几乎所有大陆上的候鸟都涌向了北极。因此对于鸟类王国来说，北极是其活动的中心。生活在北极的鸟类主要有三大类，其中涉水禽鸟约有 43 种，鸭、鹅等猎鸟 20 多种，海鸥及信天翁等 30 多种。

北极海域的鲸类只有 6 种，而且数量远远不如南大洋，但北冰洋中的角鲸和白鲸却是世界鲸类中最珍贵的品种。丑陋然而温顺的北极海象，雄性体重可达 1360 千克，它们常常数十头甚至数百头一起聚集在海滩上鼾声大作，高枕无忧。而北极海豹是以家庭为单位生活在一起，家长通常是一头体重超过 300 千克的雄海豹，统率着 50 头左右体重仅 30～50 千克的雌海豹和他们的子女。

陆地动物除北极熊和灰熊外，还有上百万只驯鹿、数万头麝牛、北极狼、北极狐、北极兔以及数以亿万计、具有奇特集体自杀行为的北极旅鼠。

如果说企鹅是南极的象征，那么北极熊则是北极的霸主了。北极熊的确是北极地区无可置疑的统治者。这些体重可达 900 千克的游泳健将，一生大部分时间都在海水中或浮冰上游弋捕食，甚至在怀胎哺育时也很少登上陆地。它们在冰上的奔跑速度可达每小时 60 千米，能在冰水中连续游泳 320 千米。

2. 北极的陆地——北极苔原

如果你朝着北极的内陆走去，就会发现树木愈来愈小，愈来愈稀，最后完全过渡为矮小的灌木、多年生禾草、地衣、苔藓。我们把北极地区的这种植物群落称之为苔原。北极苔原是北极地区北冰洋与泰加林带之间的永久冻土地和沼泽地带，是北极地区典型的陆地，其显著特点是：有广阔的永久冻土地、众多的湖泊和沼泽地，也是地球上一处既荒凉又富饶、气候和生态环境十分特别的地带，总面积约1300万平方千米，大部分在北极圈内。

苔原是寒带植物的代表，它分布于北冰洋周围沿岸，在欧亚大陆北部和美洲北部占了很大的面积，形成一个环绕北极大致连续的地带。苔原多数种类为常绿植物，矮小，紧贴地面匍匐生长，这是抗风、保温及减少植物蒸腾的适应手段。也是苔原植被在长期演化过程中形成了能够适应北极特殊环境的生活特征。

苔原植被一直处于冬季漫长而寒冷，夏季短促而低温的生态条件下，苔原地区地下形成的永久冻土，仅在夏季，上面浅浅的土壤层才融化，在这 2~4 个月中，它们的根只能在地表大约仅 30 厘米的深度内自由伸展，30 厘米以下则是坚如磐石的永久性冻土层。而且土壤的垂直排水能力很差，所以植物的根几乎是淹在水中，缺乏足够的氧气和营养，这导致其生长极其缓慢，比如，极柳的枝条在一年中仅能增长 1~5 毫米。

苔原植物常开大型鲜艳的花，而且大部分花向着太阳开放，并呈杯型，以便尽可能多地采集太阳光，这对于开白色花的植物尤其重要。有些植物则能在开花期忍受冬季的寒冷，如北极辣根菜的花和幼小的果实在冬季有时被冻结了，但到春季解冻后则继续发育。我们赞美北极植物的生命之顽强时，也不禁感叹北极植被生态环境的脆弱性，一旦破坏，将难以恢复的。

北极苔原的大部分处于北极圈内，只有加拿大的哈德孙湾及阿拉斯加西海岸可以延伸到北纬 55°的中高纬区域。苔原气候属荒漠气候，年降水量仅 200 毫米，与中国黄土高原等干旱地区差不多。但如果夏季时乘飞机越过苔原上空，你会惊奇地发现苔原地带竟然水网交错，密布湖泊与沼泽，水面积显得远比陆地多。水面上水鸟嬉戏，土地上百花盛开，宛然一片水乡泽国景观。这主要是由于气温低，水分蒸发慢。且地表以下几厘米就是永久冻土层，阻止了正常的渗漏排水。等到冬季，整个苔原都被冰雪覆盖，一片荒凉。

苔原南界的植物每年生长期约 90 天，北界的生长期仅仅 20 天，再向北，北冰洋腹地岛屿上的地衣每年只能生长 1～2 天，或根本不长，而持续保持冬眠直到某一个"好年头"到来。极区的一些显花植物能在很短的时间内，例如 30 天，完成开花、结籽等繁殖周期，而另一些植物则能把繁殖周期延长到 2～3 年，今年开花明年结籽。可见与低纬度相同种属相比，这些植物在适应寒区环境的努力中要么尽量缩短，要么大大延长原有的生命周期。在北极苔原生态系统中，动植物种类稀少，营养结构简单，其中生产者主要是地衣，其他生物大都直接或间接地依靠地衣来维持生活。假如地衣受到大面积损伤，整个生态系统就会崩溃。

科学家表示，由苔藓、地衣和浆果植物构成的北极苔原生态系统正在逐步让位于灌木丛和北方森林。最近的研究发现，与全球变暖有关的主要事件，包括永久冻土带不断消融引发的火灾以及塌坡，正是北极苔原消失的"幕后推手"。

3. 北极的原始森林——泰加林

说到北极的植物，当然还应该把亚北极地区的泰加林带也包括在内，因为这也是北极所特有的。泰加林是指从北极苔原南界的树木线开始，向南延伸 1000 千米多宽的北方塔形针叶林带。林内植物以松柏类为主，叶片由于干旱寒冷而缩小呈针状，这种抗旱耐寒的特征，也是对生长季短和低温的北极特殊环境的适应，这也是区别于其他林区的明显特征。泰加林中树木纤直，高 15～20 米，但多长成密林，在高地上成片分布，其间低洼处，则交织着沼泽。林下土壤是酸性贫瘠的灰土，偏北和地势偏高的泰加林中，土壤表层下还有永久冻土层。

泰加林地区的特点是夏季温凉、冬季严寒。最暖的 7 月份平均气温 10℃～19℃，气温有时可达 30℃ 以上。一年里平均气温低于 4℃ 的时间长达 6 个月之久，最冷月份在欧亚大陆的西部为 3℃。在西伯利亚，1 月份平均气温低到 -43℃，一年中温度超过 10℃ 以上的只有 1～4 个月，年平均降雨量低于 50 毫米，十分干燥。一般说来，泰加林区植物生长期是较短的。泰加林植物以松柏类占优势，叶均缩小呈针状，具有各种抗旱耐寒的结构，是对生长季短和低温的生理性适应。

泰加林最明显的特征之一，就是外貌特殊，极易和其他森林类型区别。其外貌往往由是单一树种构成，而且由于优势种的不同而各具特色。一般说来，松属的树冠呈近乎圆形；云杉属和冷杉属组成的针叶林，树冠是圆锥形或关塔形；落叶松属的树冠与云冷杉相似，树冠塔形而稀疏，但由于其冬季落叶，极易与云杉林和冷杉林相区别。泰加林还可据它们的耐阴程度和郁闭状况分为"阴暗针叶林"和"明亮针叶林"。由于云杉林和冷杉林属于较耐阴的树种，比较郁闭，林内较阴暗，故称"阴暗针叶林"；而松树和落叶松喜阳，组成的针叶林也较稀疏，林内光线比较明亮，所以称其为"明亮针叶林"。

泰加林的生产低于叶林的 1%。据研究，泰加林有机物质的年平均产量为 5.5 吨/公顷，木材产量为 3 吨/公顷，泰加群落的南部可达 5 吨/公顷。有机物质最高的年产量在北部是森林年龄 60 年以后，而在南方则为 30～40 年。

　　泰加林另一个典型特征，就是群落结构极其简单，常由一个或两个树种组成，下层常有由各种浆果灌木组成的灌木层、游悬钩子、欧洲越林等构成的一个草木层和由地衣、苔藓和该类植物一个苔原层。

　　组成冷杉、云杉林的主要树种有：欧洲云杉、西伯利亚云杉、西伯利亚冷杉以及欧洲冷杉等，由于冷杉和云杉属耐阴树种，树冠稠密，分枝低垂，林内显得潮湿阴暗，极利于苔藓发育，所以其苔藓层长势良好，而且草本植物由于长期适应这种特殊的环境条件，也形成了相应的适应特征：普遍进行营养繁殖，具有典型的白色花朵，大部分植物呈常绿叶子。除此之外，北冰洋里还有大量的绿色植物，那就是各种藻类。所有这些植物，通过光合作用，构成了初级生产力，为北极的动物直接或间接地提供食物，从而为北极生命奠定了基础。

第二节　北极动物大本营

　　北极的动物系统与南极的是完全不同的，在这个冰冷的世界里对大多数动物来说，不管是生活在水里，还是生活在地面之上都是一个严峻的挑战。因为北极是一片被几块大陆环绕的、冰天雪地的海洋，当陆地与陆地之间的海面都结冰之后，生活在陆地上的捕食者开始走到冰面上寻找食物。

　　三月初，这片海域仍然被冰雪所覆盖。不过也存在一些开阔的水面，那就是永远也不会冰冻的冰穴。这里的海潮被岛屿所挤压，水流异常湍急，结不成冰。海象就是在冰穴里度过整个冬季的。在这里，它们总能呼吸到新鲜的空气，同时又能躲到海水中去捕食猎物。

1. 北冰洋的鱼类

北极鲑鱼，主要分布在靠近地球北极圈附近海域的一种三文鱼。北极鲑鱼体态优美，色泽鲜艳，尤其是野生雄鱼，性成熟后身体呈深红色，非常令人喜爱。由于北极鲑鱼具有肉质坚实，味道鲜美，营养丰富，炸、烤、烧、炖、蒸、浇汁、生鱼片等皆宜，被人们视为餐桌上的上等佳肴。由于此鱼还具有抢食凶狠的特点，又很受钓鱼爱好者的青睐。

北极鲑鱼分布地区并不是很广。主要有四种较具代表性的系列，

除挪威系仅限于挪威及邻近的水域外，其他三种系列全部分布于加拿大北部的某些特定水域。它们分别是：乃育克系、莱布多系以及大树河系。莱布多系北极鲑分布在加拿大东北部纽芬兰省的莱布多地区。乃育克系北极鲑则分布于加拿大西北特区的乃育克湖及其附近一带水域。至于大树河系北极鲑，目前加拿大的有关水产研究部门对此仍处于研究试养阶段，因而尚未形成商业规模。1978 年，加拿大有关部门首次从西北特区的乃育克湖捕获到野生北极鲑鱼，并命名为乃育克北极鲑。稍后的 1980 年，从东北部莱布多地区的菲沙河捕获到了另一种北极鲑鱼，遂命名为莱布多北极鲑。北极鲑鱼喜欢结群，因此在一定条件下，密度越大，抢食越踊跃，因而生长的就越快。据加拿大贵奥夫大学水产研究中心主任莫西亚教授介绍，当北极鲑鱼的放养密度在每立方米水域 50~60 千克时，其生长速度与虹鳟鱼的生长速度相似。当放养密度在每立方米 75~90 千克时，北极鲑鱼呈现出快速生长的特性。而当放养密度在每立方米 30 千克以下时，北极鲑鱼的生长速度开始减慢。另据该水产研究中心的研究员麦克贝斯讲，目前该研究中心的北极鲑鱼的放养密度是每立方米 100 千克，而且正在试验更高的放养密度：争取达到每立方米 200 千克！这就对水质及水的处理提出了更高的要求。北极鲑鱼还具有抢食凶狠的特点，不但争抢水面上的食物，而且更善于争抢沉落在水底的饲料。与虹鳟鱼相比，这一进食特性可以大大提高人工饲料的投喂效果。北极鲑鱼的生长速度很快，但不均匀，即使是属于同一家族的成员，也需要经常对其进行筛选、分离，这样不但可以避免发生大鱼吃小鱼的现象，还可以更有效地控制鲜鱼上市的时间，避开高峰期，以免发生被迫"降价"的现象。

北极茴鱼又名棒花鱼。体型呈长形，两侧较为扁，前背窄棱状。

眼大，嘴唇很短并且向两侧稍斜裂开，上下颌约等长，各有一行细弱牙。鳞中等大，尾鳍深叉形，分布于额尔齐斯河流域，为冷水性底层鱼类。喜生活在山麓砂底的清澈激流中，食性以水生昆虫及软体动物等为主。北极茴鱼一年四节都在捕食，只有产卵期进食性稍差一些。茴鱼的食物以水生昆虫及螺等软体动物等为主，也捕食一些小鱼。夏季则喜欢在浅水处捕食水生昆虫，或者捕食落入水中的陆生昆虫及飞蛾。每逢到了夏天的傍晚，透过清澈的溪流，常能看见几条茴鱼停留在湍急溪水的中下层，转动着眼睛紧紧地盯着水面上空翩翩起舞的飞蛾。一旦有飞蛾溅落水面上，还没等到被湍急的水流冲走，立刻会有几条茴鱼同时冲上去，被其中一条茴鱼一口叼住，立刻拖到水下。即使到了寒冷的冬季，溪流上结了一层厚厚的冰，茴鱼仍在冰下不停止摄取食物，以补充营养，度过漫长而寒冷的冬季。茴鱼常年进食，而且十分凶猛，是溪钓的极好对象。

在北冰洋的水下还有一种胡瓜鱼，因其鱼肚中一年都有鱼子，因此又名多春鱼、毛鳞鱼。胡瓜鱼的叫法来自阿伊努人，因鱼身有一种鲜黄瓜般的气味而得名。胡瓜鱼体长不超过7.6厘米，体长侧扁，鳞片小，侧线不完全。胡瓜鱼的吻端位，口裂较大，眼也比较大，眼径与吻长大致相等。胡瓜鱼的背鳍较高，但尾柄很细，尾鳍呈深叉形。胡瓜鱼的舌头上长有大犬齿，上颌骨的末端超过瞳孔的后缘。胡瓜鱼属于中上层杂食性鱼类。幼鱼以轮虫，桡足类为食，随着体长和年龄的增加，它们的捕食对象改为甲壳类浮游生物和一些小鱼。胡瓜鱼平时生活在海里，营群体生活。每年春季，它便开始停止进食，并从近海溯流而上，在江河的下游有水生植物地区产下黏性卵。不久，又返回近海育肥。卵在10～20天以后孵化，而仔鱼孵出后，也顺流而下，去大海中生长。在第一个夏季结束的时候，当年幼鱼的体长可以达到

3～4厘米，重10～30克，幼鱼大约2年后长成成鱼。

胡瓜鱼节

在德国的吕内堡，每年的3月3日到10月7日有一个别具特色的胡瓜鱼节，胡瓜鱼也是吕内堡的特产之一。节日期间，人们可以在伊尔梅瑙河畔伶听优美的室外音乐会，或是欣赏城中随处可见的胡瓜鱼造型艺术品。

2. 北极萌物——北极熊

北极熊如同企鹅是南极的象征一样，北极的代表就是北极熊了。北极熊是北极地区最大的食肉动物，因此也就是北极当然的主宰。巨大的北极熊身长可达3米，体重可达800千克，一次就要吃40千克的东西。

北极熊无疑是当今陆地上最大的猛兽之一，它们分布在北冰洋和其他岛屿以及亚洲、美洲大陆与其相邻的海岸。在北极，一年四季都有北极熊出没。不过在严冬则很少见到它的踪影，因为它们具有一特殊习性——冬眠，可以在相当一段时间内不摄食，呼吸频率极低。但与一般生物冬眠不同，它并非抱头大睡，而是似醒非醒，一遇到紧急情况，便可立即惊起，所以它的冬眠被称为局部冬眠或冬睡。最近的研究还表明，北极熊不仅可以进行冬眠，而且还可以夏眠。加拿大的动物专家曾在秋天于哈得逊湾抓到几头北极熊，结果发现熊掌上均长满长长的毛，说明它们已很长一段时间没有活动了，而是在夏眠中度

过了这段时光。

北极熊全身披着厚厚的白毛,甚至耳朵和脚掌亦是如此,仅鼻头一点黑。而且其毛的结构极其复杂,里面中空,起着极好的保温隔热作用。因此,北极熊在浮冰上可以轻松自如地行走,完全不必担心北极的严寒。北极熊的体形呈流线型,善游泳,个个都是游泳健将,当然,它们游泳的姿势并不优美,是狗刨式,其脚掌宽大犹如双桨,因此在北冰洋那冰冷刺骨的海水里,它可以用两条前腿奋力前划,后腿并在一起,掌握着前进的方向,起着舵的作用,一口气可以畅游40~50千米。

北极熊爪如铁钩,熊牙锋利无比,它的前掌一扑,便可以将动物的头颅打得粉碎，身首异处。北极熊奔跑起来，风驰电掣，时速可达60 千米，但并不能持续太久，只进行短距离冲刺。所以如果你在北极遭到了北极熊的攻击，你可以跟它商量进行长跑比赛，这样北极熊必败无疑。

敏锐的嗅觉是北极熊善于寻找猎物的武器。据说北极熊可以闻到3 千米以外燃烧动物脂肪发出的美味。据说某年春天格陵兰岛上的爱斯基摩人捕到了许多鲸，并把鲸的内脏埋在地下。这年秋天海上结冰了。有一天，成群结队的北极熊向爱斯基摩人聚居的村庄奔来。为了保卫村庄安全，村民们用鞭炮声驱赶它们，用直升机的轰鸣声威胁它们，但都毫无效果：北极熊太多了。村民们没有办法只有等待神灵保佑平安，当村民们看到北极熊把埋在地下的鲸内脏挖出来分享后，才恍然大悟，北极熊原来是被埋在地下的鲸内脏的气味吸引来的。

北极熊的食谱比较单一，它们的食谱中找不到任何植物，这也是由环境所迫的，因为在茫茫的冰原上甚至连苔藓和地衣之类也是无法生长的。夏天，它们的日子要好过一些，可以捕捉鸟类，拣食鸟蛋，捞鱼摸虾。偶然走到陆地时，还可以抓几只旅鼠当点心吃。但这些东西都太小，一时很难吃饱肚子，只是换换口味，吃个新鲜而已。北极熊为食肉动物，主食是海豹。每当春天和初夏，成群结队的海豹便躺在冰上晒太阳，北极熊则会仔细地观察猎物，然后巧妙地利用地理形势，一步步地向海豹靠近，当行至有效捕程内，则犹如离弦之箭，猛冲过去，尽管海豹时刻小心谨慎，但等发现为时已晚，巨大的熊掌以迅雷不及掩耳之势拍下来，顿时脑浆涂地。

在冬天，北极熊又会以惊人的耐力连续几小时在冰盖的呼吸孔旁等候海豹，全神贯注，一动不动，犹如雪堆般，并会用掌将鼻子遮住，以免自己的气味和呼吸声将海豹吓跑。当千呼万唤的海豹稍一露头，"恭候"多时的北极熊便会以极快的速度，朝着海豹的头部猛击一掌，可怜的海豹尚未弄清发生了什么事情，便脑花四溅，一命呜呼。

北极熊是水陆两栖动物，当然会游泳。北极熊全身披着厚厚的白色略带淡黄长毛，它的长毛中空，不仅起着极好的保温隔热作用，而且增加了它在水中的浮力。它的体型呈流线型，熊掌宽大宛如前后双桨，前腿奋力前划，后腿在前划的过程中还可起到船舵的作用。因此在寒冷的北冰洋水中它从不畏寒，可以畅游数十千米，是长距离游泳健将。遗憾的是，北极熊仅是长距离单项游泳健将。它几乎不会潜泳，这正是它捕食海豹和海象时的天大缺陷，它不能在水下捕食海豹和海象。对于那些躺在浮冰上的海豹，北极熊也有一套对付的方法。

它会发挥自己游泳的专长，悄无声息地从水中秘密接近海豹，有时它还会推动一块浮冰作掩护。捕到海豹后，便会美餐一顿，然后扬长而去。北极熊的聪明之处还在于，在游泳途中若遇到海豹，它会无动于衷，犹如视而不见。因它深知，在水中，它绝不是海豹的对手，与其拼死拼活地决斗一场，到头来还是竹篮打水一场空，还不如放海豹一马，也不消耗自己的体力。

北极的春季（三四月份）是北极熊的交配期，一般2周左右，有时可达1个月之久。性成熟的雌北极熊（4龄以上）和雄北极熊（5龄以上）相会之后，双方便一起漫步于晶莹剔透的冰盖上。当然并非所有的母熊都对公熊感到满意，在这种情况下公熊往往会采取暴力行动，于是双方便厮打起来，但是体质弱的母熊岂是体大粗壮的公熊的对手，最后母熊不仅遍体鳞伤，而且还要委曲求全，不得不违心地当上新娘。从某种意义上讲，雄北极熊所作所为虽有点粗暴，但对其整个种族的繁衍是极其有利的。

北极地区的土著人，对北极熊十分尊重和崇拜，但他们仍然捕杀北极熊。据说，在古代，爱斯基摩人有这样一个风俗习惯：人死之后，或者病残者，均会被送到北极熊经常出没的荒野，在那里，他们正襟危坐，期待着北极熊来吃。因为他们懂得，只有北极熊生存下去，他们的子孙后代才会有北极熊可捕获，才可得到足够的食物，从而得以生存下去。在北极地区的土著人捕到北极熊后，都要举行隆重的仪式，比如阿拉斯加的爱斯基摩人为了庆贺捕到北极熊，常跳起"熊舞"；格陵兰的爱斯基摩人，猎手的母亲和妻子则都穿上"熊鬃"镶边的鞋，以示尊重和荣耀；最特别的是，西伯利亚的爱斯基摩人在肢解北极熊时，先取出心脏，然后切成碎块，抛向身后，以超度北极熊的亡灵。

　　人们捕杀北极熊，为的是取其皮、食其肉。北极熊的肉是爱斯基摩人最重要的食物来源之一，熊皮是当地居民的日常用品，用其制成裘服、鞋袜，为他们提供了最能保温的防寒物品。在北极地区，爱斯基摩人仅用弓箭和长矛等捕获北极熊，并且其人口很少，所捕获的北极熊数量也不多，因此对北极熊的生存并不构成威胁。由于利欲熏心，外地的捕熊船便应运而生，并定期开进北极海域，大肆捕掠，致使北极熊的数量急剧减少。据统计，目前北极地区的北极熊已不超过2万只，但是数量相对稳定。随着北极石油资源的开发，先进的破冰船、飞机、潜艇等业已进入北极，北极熊的生存受到了严重的威胁。为此，北极地区的国家在1973～1975年签署了保护北极熊的国际公约，公约规定：严格控制买卖、贩运自然熊皮及其制品。

小百科

走向雌雄同体的北极熊

　　野生动植物研究人员已经发现新的证据，因全球变暖栖息地受到严重威胁的北极熊，现在又受到化学化合物的危害。这些化合物主要是欧洲用来降低沙发、衣服和地毯等家庭用品可燃性的有毒化学物质。来自加拿大、美国阿拉斯加、丹麦和挪威的一组科学家发出警告称，他们最近发现一种叫做多溴联苯的阻燃剂开始出现在北极熊的脂肪组织中，尤其是生活在东格陵兰岛和挪威萨瓦尔伯特群岛的北极熊。关于这些化学物质会对北极熊产生什么样的影响，研究仍在进行中。但是在小白鼠身上进行的试验显示，这些有毒化学物质对动物的影响是巨大的，包括它们的性别、甲状腺、运动技能和脑功能。有证据显示，那些和多溴联苯相似的化合物导致出现了惊人比例的雌雄同体北极熊。在萨瓦尔伯特群岛，大约每50只母熊中就有1只长着两种性器官，科学家们将此直接与污染联系到了一起。这些污染物质主要来自美国和西欧等工业发达地区，水流和北行风将它们带到北极后，在北极寒冷的气候下积淀下来并进入食物链，而受害最大的则是北极熊。

3. 智者北极狐

北极狐、北极熊和北极狼，被称作北极三霸，相比之下，北极狐在三者之中属于弱者，生活难度就更大。但是，聪明的北极狐自有一套巧妙的生活本领，使它能巧妙自如地应付各种不测风云，一代又一代地在那片冻土上繁衍生息，被人们称作北极小精灵。

北极狐体长为50～60厘米，尾长20～25厘米，体重2.5～4千克。自春末至夏季，体毛由白色逐渐变成青灰色，故常被称为"青狐"。体型较小而肥胖。嘴短，耳短小，略呈圆形。腿短。冬季全身体毛为白色，仅鼻尖为黑色。夏季体毛为灰黑色，腹面颜色较浅。有很密的绒毛和较少的针毛，尾长，尾毛特别蓬松，尾端白色。因为它的脚好似野兔脚，所以又有"有野兔脚的狐狸"之称。北极狐能在 -50℃的冰原上生活。北极狐的脚底上长着长毛，所以可在冰地上行走，不打滑。野外分布于俄罗斯极北部、格陵兰、挪威、芬兰、丹麦、冰岛、美国阿拉斯加和加拿大极北部等地。

北极狐很聪明。聪明之一是适时更装，这倒不是北极狐好赶时髦，而完全是为了生存的需要。冬天北极千里冰封，到处一片白茫茫，于是，北极狐摇身一变，毛全变成白色，所以，北极狐又称白狐。一到夏天，冰消雪融，地面上露出了黑色的泥土、褐色或其他颜色的石头，全身白色在这种环境中活动，非常显眼，极易受到他物攻击。它又摇身一变，背上的毛变成淡灰色到黑褐色，腹面黄白色，又和周围环境颜色协调一致，很利于它隐藏和伪装。

白狐聪明之二是洞深窟多。俗话说"狡兔三窟"，白狐一点不比兔子落后。白狐喜欢在丘陵地带筑巢，长期居住。若一个入口遭受袭击，它可以从另一个出口溜掉了。它很爱惜它的巢穴，年年都进行一些维修和扩展，长期居住。

白狐聪明之三是食物丰富时广积量。白狐食性杂，捕食对象广，它可以吃田鼠、野兔、鱼，甚至袭击驯鹿和小牛，饥饿时也吃些植物果实、浆果等，或漫游海岸捕捉贝类甚至动物尸体它也不嫌弃。许多鸟也是它袭击的目标。即便如此，它也总是有备无患。夏天食物丰富时，它可以杀死更多的动物，把吃不了的剩余部分带回窝里储存在石头下、石缝中或者埋于地下，到冬天捕不到食物时再慢慢享用。这种地窖可以储存很多食物，有人发现在一只白狐地窖里储存有 50 只旅鼠和 30～40 只小的海鹦，这些动物几乎被按一定顺序摆放着，尾巴都朝着同一个方向。

白狐聪明之四是寻找北极熊做靠山。尽管白狐夏天储粮于窝，但是经过漫漫的北极严冬之后，有限的食物总会被消耗殆尽，白狐又不冬眠，特别是冬末春初，食物极端匮乏，白狐常会饥肠辘辘，它就寻找北极熊。只要它发现并跟踪上一只北极熊，就意味着它的食物供应有了保障，因为北极熊很善于捕捉海豹，当它捕到海豹后，只要它不是很饿，就只把脂肪吃掉，余下的肉和内脏就"赏给"跟随多时的白狐享用了。当然，有时也免不了受到北极熊教训。

白狐聪明之五是"计划生育"。白狐的繁殖力很强，但是它能根据食物的多寡调节产仔的数量。食物少时，一次只生 4 只左右的狐仔，食物供应情况好时，可以生到 8 只、10 只到 15 只，若食物丰富，如旅鼠数量多时，一次可以生到 22 只。狐仔不睁眼，全身长着天鹅绒般的暗黑色短毛，发出小狗一样的叫声。幼狐出生八九个月开始自己挖窝，九到十个月性成熟，有能力繁殖下一代了。在饲养条件下，白狐能活 14 年之久。

白狐为自己编织了一身柔软多绒、美观华丽的保暖外衣，也因此而给白狐带来不幸，因为这种毛皮在国际市场上享有盛名，白狐再聪明也是斗不过好猎手的。

根据以往的说法，狐狸被认为是不合群的动物，近来的观察结果表明，狐狸有其一定的社群性。在一群狐狸中，雌狐狸之间是有严格的等级的，它们当中的一个能支配控制其他的雌狐。此外，同一群中的成员分享同一块领地，如果这些领地非要和临近的群体相接，也很少重叠，说明狐狸是有一定的领域性。北极狐狸的数量是随旅鼠数量的波动而波动的，通常情况下，旅鼠大量死亡的低峰年，正是北极狐数量高峰年，为了生计，北极狐开始远走他乡；这时候，狐群会莫名其妙地流行一种疾病"疯舞病"。这种病系由病毒侵入神经系统所致，得病的北极狐会变得异常激动和兴奋，往往控制不住自己，到处乱闯乱撞，甚至胆敢进攻过路的狗和狼。得病者大多在第一年冬季就死掉了，尸体多达每平方千米 2 只，当地猎民往往从狐尸上取其毛皮。

4. 冰河时期的幸存者——北极狼

北极狼，又称白狼，是犬科的哺乳动物，也是灰狼的亚种，分布于欧亚大陆北部、加拿大北部和格陵兰北部。是世界上最大的野生犬科家族成员。狼具有很好的耐力，适合长途迁移。它们的胸部狭窄，背部与腿强健有力，使它们具备很有效率的机动能力。它们能以约 10 千米的时速走十几千米，追逐猎物时速度能提高到接近每小时 65 千米，冲刺时每一步的距离可以长达 5 米。这是一个冰河时期的幸存

者，在晚更新世大约 30 万年前起源。

北极狼平均肩高 64～80 厘米；脚趾到头大约高 1 米。成年雄狼大约重量为 80 千克。在人工饲养，北极狼能活到超过 17 年。然而，在野外平均寿命不过是 7 年。这种狼的颜色有红色、灰色、白色和黑色。北极狼会用林子里的灰色、绿色和褐色作为掩护，北极狼有着一层厚厚的毛，它们的牙齿非常尖利，这有助于它们捕杀猎物。

在北极的食肉动物系列中，狼虽然比狐狸大不了多少，而且彼此是亲戚，但它们捕食的目标却大不相同。狼虽然对送到嘴边的旅鼠和田鼠之类的小动物也不肯放过，但总是拣而食之，当点心吃，它们主要追逐的是驯鹿和麝牛之类的大目标。这是由它们的生活方式决定的，因为狼群总是集体捕猎，分而享之，如果忙了半天才抓到一只兔子，还不够塞牙缝的，怎么能满足饥肠辘辘的群体的需要呢？

北极狼通常是 5～10 只组成一群，而每个家族有 20～30 个成员。在这一小型群体中，有一只领头的雄狼，所有的雄狼常被依次分在甲、乙……等级，雌狼亦是如此。狼群中总是有一只优势的狼，其他的不管雌的、雄的均为亚优势及更低级的外围雄狼及雌狼，除此之外，便是幼狼。优势雄狼是该群的中心及守备生活领域的主要力量，优势雌狼对所有的雌性及大多数雄性是有权威的，它可以控制群体中所有的雌狼。优势雄狼和优势雌狼，以及亚优势的雄狼和雌狼构成群体的中心，其余的狼，不管是雌的还是雄的，均保持在核心之处，优势雄狼实际上是一典型的独裁者，一旦捕到猎物，它必须先吃，然后再按社群等级依次排列。而且它可以享有所有的雌狼；不过，优势雌狼不知是醋意大发还是为种群的未来着想，它会阻止优势雄狼与别的雌狼交配，并且优势雌狼几乎也能很成功地阻止亚优势级雌狼与其他雄狼交配。这样，交配与繁殖后代一般在优势雌雄狼两个最强的个体之间进行。

当然，这样会减少交配机会，限制幼狼的数目，因此，常看到一狼群中仅有一窝幼仔。可是，一旦遇到特殊情况，比如狼受到大量捕杀，大片栖息地被开拓，这时狼的社群等级性就受到了抑制甚至破坏，首先是结群性被打破。这样，独身的雌雄狼便会有充分的自主权，几乎每一只狼均会找到配偶，繁殖率大大增加，每一雌狼每年均可产下一窝幼仔，这对保持和恢复狼的种群数量是十分必要的。

北极狼是典型的肉食性动物，优势雄狼在担当组织和指挥捕猎时，总是选择一头弱小或年老的驯鹿或麝牛作为猎取的目标。开始它们会从不同方向包抄，然后慢慢接近，一旦时机成熟，便突然发起进攻；若猎物企图逃跑，它们便会穷追不舍，而且为了保存体力，往往分成几个梯队，轮流作战，直到捕获成功。北极狼吃驼鹿、鱼类、旅鼠、海象和兔子，它也进攻人类和其他的动物。它们用森林里的灰色、绿色和褐色作为掩护，北极狼有着一层厚厚的毛，它们的牙齿尖利，这有助于它们捕杀猎物。

在人类的文化中，狼是一种邪恶和残暴的化身，关于狼的很多词语都是用来形容坏和邪恶的。但是在爱斯基摩人的心目中，北极狼是一种温和善良的动物。

狼对自己的后代表现出了无微不至的关怀。母狼每窝生产幼狼5~7只，个别情况可达10~13只。幼狼出生后的最初13天，尚未睁开眼睛，这时它们便紧紧地挤在一起，安静地躺在窝中。母狼在这个时期几乎是寸步不离，偶尔外出，但也赶紧返回、细心照料小狼。1

个月后，母狼便开始训练它的孩子们，它将预先咀嚼过的，甚至经吞食后吐出来的食物喂养小狼，让它们习惯以肉为食。当小狼长出尖锐的牙齿时，母狼又会给小狼不同的食物，先是尸体，然后是半死不活的小动物，目的是让小狼逐渐学会捕食本领。此后开始带着它们到一定的地方饮水。在这期间，狼群中某些成员也会参与喂养小狼的活动。随着小狼的逐渐长大，它们逐渐担任起捕猎和防卫等任务，若遇到其他狼群的攻击，它们会以死抗争，绝不屈服。等长到约2岁时，小狼便开始达到成熟，而雄狼这时长得强壮有力，开始觊觎优势雄狼的地位，一有机会便会提出强有力的挑战，成功者则会取而代之，成为新的统治者。

5. 群体自杀的旅鼠

旅鼠是一种常年居住在北极的哺乳动物，体形椭圆，四肢短小，比普通老鼠要小一些，最大可长到15厘米，尾巴粗短，耳朵很小。旅鼠的突出特点是其繁殖能力很强，一只母旅鼠一年可生产6~7窝，新生的小旅鼠一般在出生后30天便可交配，经20天的妊娠期，即可生下一窝小旅鼠，每窝可生11个，按照这样的速度，一只母鼠一年可生产成千上万只后代。在特定的时期内，它们的数量会突然增加，就像从天而降。因而爱斯基摩人和斯堪的纳维亚人称其为"天鼠"。

旅鼠为了补充快速繁殖时所消耗的能量，它们的食量惊人，一顿可吃相当于自身重量两倍的食物，而且食性广，草根、草茎和苔藓之类几乎所有的北极植物均在其食谱之列，它一年可吃45千克的食物。旅鼠数量众多，但其天敌也很多，像猫头鹰、贼鸥、北极狐、北极熊

等均以旅鼠为食。

当旅鼠的数量急剧地膨胀，达到一定的密度，例如一公顷有几百只之后，奇怪的现象就发生了：这时候，几乎所有的旅鼠一下子都变得焦躁不安起来，它们东跑西颠，吵吵嚷嚷，且停止进食，似乎是大难临头，世界末日就要到来似的。这时的旅鼠不再是胆小怕事，见人就跑，而是恰恰相反，在任何天敌面前它们都显得勇敢异常，无所畏惧，具有明显的挑衅性，有时甚至会主动进攻，真是有点天不怕地不怕的样子。更加难以解释的是，这时候，连它们的肤色也会发生明显的变化，由灰黑变成鲜艳的橘红，使其变得特别突出。所有这些奇怪的现象加在一起，唯一可能而且合理的解释是，它们为了千方百计地吸引猫头鹰、贼鸥、灰黑色海鸥、粗腿秃鹰、北极狐甚至北极熊等天敌的注意，以便多多地来吞食消耗它们，与自杀没有什么区别。这就是旅鼠的第二大秘密。

在平常年份，旅鼠只进行少量繁殖，使其数量稍有增加，甚至保持不变。当到了丰年，气候适宜和食物充足时，才会齐心合力地大量繁殖，使其数量急剧增加，一旦达到一定密度后，奇怪的现象便发生了，如果旅鼠的数量实在太多，而天敌数量总是有限，无论怎样地暴露自己都收效甚微。因此它们会显示出一种非常强烈的迁移意识，聚集在一起，渐渐地形成大群，开始时似乎没有什么方向和目标，到处乱窜，就像是出发之前的乱忙，正在准备似的。但是后来，不知道是谁下了命令，也不知谁带头，它们却忽然朝着同一个方向，浩浩荡荡地出发了。往往是白天休整进食，晚上摸黑前进，沿途不断有老鼠加入，而队伍会愈来愈大，常常达数百万只，逢山过山，遇水涉水，勇往直前，前赴后继，沿着一条笔直的路线奋勇前进，决不绕道，更不停止，一直奔到大海，仍然毫无惧色，纷纷地跳将下去，直到被汹涌澎湃的波涛所吞没，全军覆没为止。这就是旅鼠的第三大奥秘。

至于旅鼠为什么会集体自杀，科学家们虽然进行了大量的观察和研究，却仍然众说纷纭，莫衷一是，提不出一个令人信服的解释来。有人认为，旅鼠的集体自杀，可能与它们的高度繁殖能力有关。旅鼠喜独居，好争吵，当其种群数量太高时，它们会变得异常兴奋和烦躁不安，这时，它们便会在雪下洞穴中吱吱乱叫，东奔西跑，打架闹事。因此有人认为，由于其繁殖力过强，旅鼠得不到充足的食物和生存空间，只好奔走他乡。值得一提的是，旅鼠的分布极广，除北欧以外，在美洲西北部、俄罗斯南部草原、一直到蒙古一带均有其分布，但只有北欧挪威的旅鼠有周期性的集体跳海自杀行为。因此，有的生物学家进一步解释说，在数万年前，挪威海和北海比现在要窄得多，那时，旅鼠完全可以游到大海彼岸，长此以往，世代相传，形成了一种遗传本能。然而，由于地壳的运动，目前的挪威海和北海已今非昔比，比过去要宽得多，但旅鼠的遗传本能仍然在起作用，因此，旅鼠照样迁移，最后被溺死海中，演出了一幕幕旅鼠集体自杀的悲剧。

但是，这一学说存在严重的不足。因为旅鼠是啮齿类动物，它几乎以北极所有的植物为食，而且即使达到每公顷 250 只的密度也是地广鼠稀，所以旅鼠的迁移并非因为得不到足够的食物和生存空间。更加有说服力的是，旅鼠在迁移过程中即使遇到食物丰富，地域宽广的地区也决不停留。况且，旅鼠也迁入巴伦支海和沿北冰洋北上，若按上述观点，许多年前巴伦支海北部理应有陆地，否则，旅鼠又为何北迁呢？对此，前苏联的科学家又提出了新的解释，在一万年以前，地球正处在寒冷的冰期，北冰洋的洋面上结成了厚厚的一层冰，风和飞鸟分别把大量的沙土和植物的种子带到冰面，因此，每逢夏季，这里仍是草木青青，旅鼠完全可能在此生存。只是由于后来气候变化，才导致原来冰块的消失，而如今向北跳入巴伦支海的旅鼠，正是为了寻找昔日的居住地。这一解释虽然有道理，但缺乏充足的证据，因此仍不尽如人意。

6. 雪地上的雪鞋兔

北极兔的形体比家兔要大，身体肥胖，耳朵和后肢都比较小。北极兔有一身蓬松的绒毛，能够有效地防止能量散失，这对度过北极的严寒是至关重要的。北极兔的数量是非常有限的，甚至还没有狐狸多。这是因为，北极野兔的繁殖能力并不强。受气候和食物限制，它

们每年只能产一窝。每窝也只有 2 ~ 5 只，但其成活率比较高，所以数量比较稳定，不像旅鼠那样大起大落，最后还得集体去自杀。

北美洲的北极兔叫做雪鞋兔。这种兔子不仅蹄子很大，而且下面还长有长毛，这样有助于减少压强，即使在雪地上奔跑也不大容易陷下去。它们的皮毛能随着不同季节而改变自己的毛色，春夏秋三季为灰褐色，一到冬季则变为洁白，这样在雪地里就成为非常好的伪装，使天敌难以发现。

北极兔的肉味道鲜美，毛皮珍贵，是人们猎取的对象。

属于群居动物的北极兔，通常一个北极兔的群体圈可由 20 只到300 只不等，而每只北极兔寻找食物的步行搜寻范围约在群体生活圈往外延伸，且搜寻区域可达一平方千米，因此拥有优良准确的沟通技巧也是北极兔必备的生存条件知一。北极兔彼此知间除了用肢体语言来表示沟通知外，也衣靠着它们灵巧的鼻子，来闻嗅身周是否有危险的信息，它们也会留下特殊的嗅觉记号，以提供同半辨认信息，当然啦，最重要的沟通方式也要靠它们天生的好耳力，虽然因为要适应寒冷的环境，避免强风灌进耳朵并且减少失温的机会，因此耳朵较小，但是天生的生存欲望，并没有没让它们的耳力也跟着耳朵大小退化。而北极兔的耳朵，根据不同的位置与姿势，也能传达出不同的信息，并借着这些聪明的方法达到与同半沟通的目标。北极兔以苔藓、植物、树根等食物为食，但有些北极兔偶尔也会吃肉。它们会先闻出食物的所在地，然后用力量大且尖利的爪子挖出食物，也会用爪子挖出可以深藏住食物的地洞做储食的动作。北极兔虽然繁殖力不高，但幼兔的存活率较高。北极兔与家兔不同的地方，是北极兔的幼兔一出生就可以看到东西。另一方面，在春夏秋季时，北极兔的毛色大概是灰

色、蓝色与褐色系，到了冬天，毛色就会病成白色，以生长环境为依据，北极兔可以自由变化毛色以适应严酷的生长环境，不过尾巴的部分则是全年都是白色的。

7. 温顺的驯鹿

驯鹿，因其性格温顺而得名。雌鹿体重可达 150 千克，雄鹿较小，为 90 千克左右。雄雌鹿都生有一对树枝状的犄角，幅度可达 1.8 米，由真皮骨化后，穿出皮肤而形成，每年更换一次，旧角刚刚脱落，新的就开始生长。驯鹿在冬天时会长一身浓密的长毛，长毛中空，充满了空气，不仅保暖，游泳时也增加了浮力。贴身的绒毛厚密而柔软，就像一身双层的皮袄，是抵御寒冷的北极冬天所必需的。

驯鹿最惊人的举动，就是每年一次长达数百千米的大迁移，像旅鼠一样也是遇山翻山，逢水涉水。但与旅鼠不同的是，驯鹿的迁移不是集体去自杀，而是一种充满理性的长途旅行。春天一到，它们便离开赖以越冬的亚北极森林和草原，沿着几百年不变的既定路线往北进发。通常由雌鹿打头，雄鹿紧随其后，浩浩荡荡，长驱直入，日夜兼程，边走边吃，沿途脱掉厚厚的冬装而生长出新的薄薄的长毛。脱掉的绒毛掉在地上，正好成了天然的路标。平时它们总是匀速前进，秩序井然，只有遇到狼群或猎人的时候，才会一阵猛跑，直至逃脱敌人的追逐。

对世世代代生活在北极的爱斯基摩人来说，驯鹿是他们极其重要的物质来源，肉是上好的食品，皮是缝制衣服、制作帐篷和皮船的重要材料，骨头则可做成刀子、挂钩、标枪尖和雪橇架等，还可以雕刻成工艺品。驯鹿对爱斯基摩人来说，简直全身都是宝。

8. 苔原主人——麝牛

麝牛又称麝香牛，因其有一种麝香的气味而得名。是一种介于牛和羊之间的动物。从其外表来看，更像中国西藏的牦牛。麝牛高约1.5米，长2~2.5米左右，体重可达400千克，雌牛稍轻，大约只有雄牛的3/4。其重量主要集中于长有肉峰的前半身，前重后轻，显得格外矫健有力，是北极最大的食草动物，分布于加拿大、格陵兰和阿拉斯加北部的冰原上，以苔藓、地衣和植物的根、茎及树皮等为食，行动迟缓，劲头十足，俨然是苔原上的主宰。

麝牛头上长着一对坚硬无比的角，是防卫及决斗的有力武器；全

身长下垂的长毛，可一直拖到地上，长毛的下面又生有一层厚厚的优质绒毛，爱斯基摩人称之为"奎卫特"；耳朵很小，长有浓密的毛；其鼻子是全身唯一裸露的地方；麝牛的身体结构能够有效地降低热量散失，承受时速96千米的风速和－40℃的低温。在如此恶劣的环境下，照常生活自如。在隆冬季节，温暖的气流有时会光顾北极，并带来一场大雨，可怜的麝牛往往被淋成"落汤牛"，经寒风一吹，身上的雨水便结成厚厚的冰甲，结果麝牛很快被冻成一个大的冰块，动弹不得，灾难往往随之而来，有的麝牛因此而被活活冻死。

在平常情况下，麝牛显得格外温顺，走起路来慢条斯理，好像在考虑着重大问题。停下来吃一点食物，接着平躺在地上细嚼慢咽，不一会儿便打起瞌睡来。等稍微清醒时，接着再向前走一段距离。麝牛这样做一方面可以减少能量的消耗，另一方面又降低了食物的需求，一举两得。据报道，由于麝牛保持能量的效率极高，所以它所需的食物仅占同样大小的牛的1/6。

麝牛性情温顺，从不惹是生非，即使强敌来临（主要是北极狼群），它们也本着"人不犯我，我不犯人"的原则，总是严阵以待，从不主动攻击。这时，它们会采取集体防御战略，自动围成一圆阵，把弱小者放在中间，用其庞大的躯体，组成一道有效的防护"墙"，对来犯者怒目而视，竖起那坚硬如钢叉的犄角，好像要以自己的威势使对方屈服，一旦敌人袭来，它们也会拼死抵抗，决不退缩。

9. 传说中的独角鲸

独角鲸，又叫一角鲸，雌性牙通常长在牙床，但雄性的左牙会生出来，变成一条长牙，可长达3米。独角鲸可能是世界上最神秘的动物之一，它们只生活在北极水域，速度极快，神出鬼没，又叫海洋独角兽。在中世纪，独角鲸的牙被当做独角兽的角远销欧洲和东亚。今天人类对这个物种仍然什么都不了解。

独角鲸最显著的特征是那颗长在上颌上的长牙。虽然学名是"一角"，偶尔，雄独角鲸也会长两颗长牙，只有3%的雌性独角鲸有长牙。独角鲸的长牙和人类牙齿一样充满牙髓和神经，最粗的比得上街灯柱，长度可能超过成人身高。通常由于表面附着绿藻和海虱，长牙呈绿色。

雄独角鲸会以长牙互相较量，不论在水中或海面上，发出的声音就像两根木棒互击。年轻的雄鲸经常嬉戏打斗，但很少刺戳对方。最强的雄鲸，通常也是长牙最长、最粗者，可以与较多的雌鲸交配。一角鲸经常为急速结冻的冰层所困，它们不利用长牙，而是利用以头部撞出所需的呼吸孔。当雄鲸浮到海面呼吸时，偶尔可见到长牙，但一般会在水面以下。一角鲸的社会地位与其长牙有关。成群的大型雄鲸大都停留在比雌鲸或仔鲸距离岸边稍远的外海海域。大多数的雌鲸都没有长牙。

独角鲸在冬季繁殖，它们在水下冰穴里交配。那是最冷的时候，北极圈内一片漆黑，空气温度可降到 -51℃。风和洋流的侵蚀在冰层中留下缝隙，让独角鲸可以游到水面换气。由于极度寒冷，幼鲸生下来就很强壮。成年独角鲸体长约3.6米，重约900千克。幼鲸一生下来，体积相当于母亲的1/3，在哺乳动物中算是体型硕大的宝宝。像白鲸和北极露脊鲸一样，独角鲸身体的50%为脂肪；其他鲸类脂肪占身体的比例为20%～30%。没有人见过独角鲸在水下进食的样子。莱德曾研究过121头独角鲸的胃，发现它们在夏季节食，在冬季疯狂进食。

由于喜欢吃深海居住的大比目鱼，独角鲸擅长潜水，它们可以潜到1800米深处。作为受保护的北极物种，独角鲸是群居动物，主要生活在大西洋的北端和北冰洋海域，在格陵兰海也发现少量的独角鲸。因纽特人喜欢猎取独角鲸的长牙、肉和皮。科学家早就知道，独角鲸可以在海里以近乎垂直的角度下潜大约900米，而且每天多次重复这样的动作，绝对称得上是潜水高手。

中世纪的欧洲迷信盛行，独角鲸的鲸牙被说成为具有治病、防病和解毒的效用。人们用独角鲸的牙镂成高脚酒杯、茶杯和碗；倘若有毒的饮料接触到它，就会"泛起黑沫，而毒性尽去"。当时的帝皇和教皇都把鲸牙视作至宝，尽管那些拥有独角兽角的王公贵族不断遭到突然和莫名其妙的杀身之祸，但是这种角仍然享有解毒药的盛誉，而它在市场上的价格始终保持不衰。在4个世纪以前，神圣罗马帝国的查理五世送给法国拜罗伊特的玛尔莱弗两根独角兽角，用来支付相当于今天 100 万美元的债务。丹麦国王弗里德利三世搜集的独角兽角最多。他用独角兽角制成的一个宝座，已成为欧洲的一个奇迹。长期以来，这个宝座一直供作丹麦国王加冕典礼之用。它的腿、扶手和底座都是用独角鲸牙制成的。

古代苏格兰把独角兽作为国家的标志。很可能这是因为独角鲸出没在苏格兰的北方海域，从它的长牙而产生了有关独角兽的猜想。当詹姆士六世继承英国伊丽莎白女王王位时，他随身就携带着苏格兰独角兽的雕塑。他粗暴地取消了英国皇家军服上的威尔士赤龙，而代之以立着的独角兽。此兽姿态凶悍，神气活现地炫耀着它那根独角。独角兽一直是英国皇族的标志。

最初，独角鲸牙还有一些竞争对手，例如用中欧出土的猛犸骨制成的独角兽角、经过人工矫直的海象牙、犀牛角等。但是到了中世纪，独角鲸牙战胜了所有的对手。据说，独角兽生长缓慢，能活几个世纪，而垂死的阶段却很长。它是文艺复兴时期流传的几种虚构动物之一。尽管学者们在 17 世纪中叶即已揭露了独角兽的骗局，但是这种买卖和传说还是继续了一百多年。

虽然 17 世纪的启蒙运动最终驱散了围绕着独角兽的迷雾，但是有关它的神话传说仍然萦绕在人们的脑际，它的角仍然用作药物。独角鲸的牙磨碎后，以能增强心脏功能和医治癫痫而著称。这种珍贵的粉末直到 18 世纪还名列在不列颠特效药一览表上。

直到那时，瑞典博物学家林奈才给独角鲸定了一个学名，叫"独牙"、"独角"。随着科学知识的普及，对独角鲸牙的需要量急剧下降了。如今使人感到神秘莫测和兴致勃勃的却是独角鲸本身。人们偶尔会发现独角鲸也许是在撞击大块的浮冰或海底时折断的长牙，因而推论说，这种长牙有时也是动物的一种累赘。

10. 露脊鲸与白鲸

露脊鲸：露脊鲸又叫弓头鲸，身体呈纺锤形，头很大，可占体长 1/4 以上；鲸须长而细，弹性强，颈部不明显。成年露脊鲸平均长 15～18 米，老鲸可达 21 米。每当露脊鲸浮到海面上时，脊背几乎有一半露在海面上，而且脊背宽宽的，便由此而得名。露脊鲸喷射出的水柱是双股的，而其他鲸类都是单股。

露脊鲸有时单独摄食，有时又成群结队地集体摄食。每当摄食时，它们一边在海上慢慢悠悠地游着，一边从容地将头伸出水面，并且将口张得大大的。它的下颚能以不同角度下垂，有时与上颚之间形成 60°的角。每群露脊鲸的数目由 2 头至 10 多头不等，摄食时，会自动地形成一梯队，这种梯队很像大雁飞翔时的队形，每一头鲸都跟在前面一头的后面，并从侧面偏出半个至三个体长的距离。有时，当梯队中的一些北极露脊鲸离队而去时，另外一些便会自动加入这个梯队中，使其队形基本保持不变，如此阵形，可持续若干天，这时，大量的水流和鱼虾便会进入大大张开的嘴里。这种结队摄食可使露脊鲸捕食到其他方法不能捕食到的食物。

在一定程度上可以说爱斯基摩人是依靠北极水域中的鲸才得以生存下来的。它们捕杀的鲸主要是露脊鲸，这是爱斯基摩人的历史文化核心。然而，由于露脊鲸的游泳速度慢，大量的商业捕杀已经使其濒临灭绝，幸存者已经为数不多。

白鲸：全身呈粉白色，看上去洁白无瑕，因而得名。其个体没有露脊鲸庞大。世界上绝大多数白鲸生活在欧洲、美国阿拉斯加和加拿大以北的海域中，以群居为主。

白鲸在爱斯基摩人的捕鲸文化中也有重要的地位。它们的肉味道鲜美，脂肪用来点灯不仅明亮，还能释放出大量热量，使得爱斯基摩人的冰屋保持温暖。白鲸的皮也很有用，而且还有一种香味，可以制成各种装饰品。白鲸还是优秀的歌唱家，它们能够发出美妙悦耳的声音，悠扬动听，人们把他们称为"海洋中的金丝雀"。

正因为白鲸的众多经济价值，使得捕杀白鲸可以获得高额利润，这给白鲸带来了巨大的灾难，商业捕鲸者对白鲸进行了疯狂的捕杀。同时由于白鲸的生态环境遭到毁灭性的破坏，一系列有毒物质破坏了白鲸的免疫系统，使其患上了多种可怕的疾病，造成成批的白鲸相继死亡，致使白鲸数量急剧锐减。

第三节　候鸟修养地

生活在北半球的所有鸟类，大约有1/6要到北极繁殖后代。据鸟类专家研究，光在阿拉斯加北极地区，就有来自世界各地的候鸟在这里建有别墅。例如，绒鸭来自阿留申群岛，苔原天鹅来自美洲东海岸，黑雁来自墨西哥，塞贝尼海鸥来自智利，麦耳鸟来自东非，短尾海鸥来自塔斯马尼亚，滨鹬来自马来西亚和中国东海岸。北极因其辽阔的草原，丰富的食物，安静而干净的环境，且很少人类干扰，而成为全世界几乎所有候鸟的乐园和故土。在南极则没有这个条件，南极的候鸟只能在附近作短距离的南北迁移，飞得最远的是信天翁，可以绕南极作长距离的迁移，但它们却并不往北飞行。而南半球的许多候鸟宁肯迢迢数万里飞到北极来越冬，却不愿意到南极去接受"冷酷"的考验。因而，北极成为鸟类王国活动的中心是理所当然的。

1. 飞行好手——黄金鸻

在北极，如果仅从飞行距离的长短而论，要选一个亚军的话，则是黄金鸻了。黄金鸻因为背部杂有金黄色斑点而得名。这种鸟类体态较大，喜欢干燥，常结成小群在江河海滨觅食蠕虫、甲壳类、螺类及昆虫等。繁殖于阿拉斯加西海岸及西伯利亚东北部，冬天迁至中国南部、印度东部、印度尼西亚、夏威夷群岛直到澳大利亚。它们可以用每小时大约90千米的速度，连续飞行50多个小时，体重却仅仅减轻0.06千克，可见其体能消耗极小，因而才会有如此惊人的耐久力。

分布在阿拉斯加西部的黄金鸻可以一口气飞行48小时，行程超过4000千米，直达夏威夷，然后再从那里飞行3000千米，到达南太平洋的马克萨斯群岛甚至更南的地区。而且，在这样长距离的飞行中，它们可以精确地选择出最短路线，毫不偏离地一直到达目的地，可见它们的"导航系统"是非常精密的，至于它们如何做到这些的，却仍然是一个谜。

与北极燕鸥一样，黄金鸻同样也是一种非常勇敢的鸟类，对于胆敢进入它们领地的狐狸甚至猎人，总是给予坚决的反击，即使牺牲生命也在所不惜。因此，有些小鸟专门把自己的巢筑在黄金鸻的领地附近，以便得到庇护。有时候，当天敌袭来，为了保护幼鸟，黄金鸻会伸出一个翅膀，装成折断了的样子，以此来吸引敌人的注意，而天敌往往信以为真，拼命追赶，结果误入歧途，被引得远远的，从而保护了自己的领地。由此可见，黄金鸻也是一种非常聪明的鸟类。

2. 北极的精灵——北极燕鸥

在南极，给人印象最深的动物自然是企鹅。而在北极，令人肃然起敬的却是北极燕鸥。企鹅待人亲切，憨态可掬；而北极燕鸥虽然小巧玲珑，但却矫健有力，往往能给人以激情。

北极燕鸥可以说是鸟中之王，它们在北极繁殖，但却要到南极去越冬，每年在两极之间往返一次，行程数万千米。人类虽然是万物之灵，已经造出了非常现代化的飞机，但要在两极之间往返一次，也绝非易事，因此，燕鸥那种不怕艰险追求"光明"的精神和勇气特别值得人类学习。因为，它们总是在两极的夏天中度日，而两极的夏天太阳总是不落的，所以，它们是地球上唯一一种永远生活在光明中的生物。不仅如此，它们还有非常顽强的生命力。1970 年，有人捉到了一只腿上套环的燕鸥，结果发现，那个环是 1936 年套上去的。也就是说，这只北极燕鸥至少已经活了 34 年。由此算来，它在一生当中至少要飞行 150 多万千米。

北极燕鸥不仅有非凡的飞行能力，而且争强好斗，勇猛无比。虽然它们内部邻里之间经常争吵不休，大打出手，但一遇外敌入侵，则立刻抛却前嫌，一致对外。实际上，它们经常聚成成千上万只的大群，就是为了集体防御。貂和狐狸之类非常喜欢偷吃北极燕鸥的蛋和幼子，但在如此强大的阵营面前，也往往畏缩不前，望而却步，三思而后行。不仅这些小动物，就连北极最为强大的北极熊也怕它们三分。有人曾经看到过这样一个惊心动魄的场面：在一个小岛上，一头饥饿的北极熊正在试图悄悄地逼近一群北极燕鸥的聚居地。然而，它那高大的身躯过早地暴露了自己。这时，争吵中的燕鸥突然安静了下来，然后高高飞起，轮番攻击，频频向北极熊俯冲，用其坚硬的喙雨点般地向熊头啄去。北极熊虽然凶猛，却回击乏术，只有招架之功，并无还手之力，只好摇晃着脑袋，踮着屁股，鼠窜而去。

燕鸥也是一种体态优美的鸟类，其长喙和双脚都是鲜红的颜色，就像是用红玉雕刻出来的。头顶是黑色的，像是戴着一顶呢绒的帽子。身体上面的羽毛是灰白色的，若从上面看下去，和大海的颜色融为一体。而身体下面的羽毛都是黑色的，海里的鱼若从下面望上去，很难发现它们的踪迹。再加上尖尖的翅膀，长长的尾翼，集中体现了大自然的巧妙雕琢和完美构思。可以说，北极燕鸥，是北极的神物。

第四节　南极——生物的神秘天地

南极是地球上唯一一个至今没有人居住的大陆，因为这个地方常年温度在 $-60℃ \sim -80℃$，经常有风力高达 12 级的暴风雪在这片大陆上肆虐。尽管如此，有一些顽强的动物们却选择了这片荒凉的大陆世代生存。

极光照亮了冬季的天空。南极洲正在从冬天里苏醒过来。这是世界上最寒冷、风最大的地方。气温仍在可怕的 -50℃上下徘徊，刚刚回升的太阳光线几乎没有一丝丝暖意。只有世界上最坚强的动物才能够忍受如此极端恶劣的环境。

1. 鲸类大本营

我们都知道大象是陆地上最大的动物，而海洋里最大的动物则是鲸，鲸比大象大得多，它还是目前地球上最大的动物。

鲸鱼，实际上并非真正的鱼类，而是一种鱼形的脊椎动物，隶属于哺乳纲、鲸目。现在地球上属于鲸目的动物共有 90 多种，它们形成一个庞大的家族，分布于世界的每个海洋中。鲸是一种海洋性哺乳动物，用肺呼吸。但它们不同于企鹅及海豹类海洋哺乳动物，一段时间生活在水里，一段时间生活在陆地上，它们终生在水中生活。鲸还是一种温血动物，其体温跟人的体温差不多，总保持在 37℃左右。鲸鱼生活的海洋中水温常在 0℃以下，特别是南北极的海洋。而且，海水吸收热量的速度要比空气快得多，所以鲸类都有一层海绵状厚厚的皮层和皮层以下一层厚厚的脂肪作为绝缘层，以保证体内热量尽量少地散失。

南大洋的鲸主要有 12 种，可分为两类，须鲸有蓝鲸、鳍鲸、巨臂鲸、露脊鲸等；较大的齿鲸有抹香鲸和逆戟鲸等。蓝鲸主要分布在浮冰带，巨臂鲸和黑板须鲸生活在最南部，缟臂鲸可以在南极洲海域越冬，露脊鲸主要分布在亚南极地区；齿鲸类分布在南极辐合带，并

会随季节变化而迁徙。南大洋中鲸的数量和捕获量均占世界各大洋的首位。现在共有鲸鱼 100 万头左右。北极鲸鱼在数量和种类上都没有南大洋的丰富，露脊鲸、白鲸和角鲸是最主要的三种。

兽中之"王"——蓝鲸：蓝鲸是世界上最大的动物，全身呈蓝灰色。目前捕到最大蓝鲸的时间是 1904 年，地点在大西洋的福克兰群岛附近。这条蓝鲸长 33.5 米，体重 195 吨，相当于 35 头大象的重量。它的舌头重约 3 吨，它的心脏重 700 千克，肺重 1500 千克，血液总重量为 8~9 吨，肠子有半里路长。这样大的躯体只能生活在浩瀚的海洋中。

蓝鲸是地球上首屈一指的巨兽，论个头堪称兽中之"王"。蓝鲸还是绝无仅有的大力士。一头大型蓝鲸所具有的功率可达 1249.5 千瓦，可以与一辆火车头的力量相匹敌。它能拖拽 588 千瓦的机船，甚至在机船倒开的情况下，仍能以每小时 7.4 ~ 13 千米的速度跑上几个小时。蓝鲸的游泳速度也很快，每小时可达 28 千米。蓝鲸有一个扁平而宽大的水平尾鳍，这是它前进的原动力，也是上下起伏的升降舵。由前肢演变而来的两个鳍肢，保持着身体的平衡，并协助转换方向，这使它的运动既敏捷又平稳。

潜水冠军——抹香鲸：抹香鲸头重尾轻，宛如一头巨大的蝌蚪，头部占去全身的 1/3，看上去像个大箱子。鼻孔也很特殊，只有左鼻孔畅通，且位于左前上方；右鼻孔堵塞。所以，它呼气时喷出的雾柱是以 45°角向左前方喷出的。虽然抹香鲸的牙齿很大足有 20 厘米长，每侧有 40 ~ 50 枚，却是只有下颌有牙齿，而上颌只有被下颌牙齿"刺出"的一个个的洞。不过，抹香鲸习性与蓝鲸截然不同，它是非常厉害的，猎物一旦被它咬住就难以脱身。它最喜欢吃的食物是深海大王乌贼，因此"练就"了一身潜水的好功夫。

在所有鲸类中，以抹香鲸的潜水为最深，可达 2200 米。抹香鲸的经济价值很高，巨大的"头箱"中盛有一种特殊的鲸蜡油，过去人们误以为是脑子里流出来的，所以叫它"脑油"。其实"脑油"与脑无关。这是一种用处很大的润滑油，许多精密仪器，如手表、天文钟甚至火箭，都离不了它。一头大的抹香鲸的头部可以装 1 吨这样的油。著名的龙涎香就是这种鲸肠道里的异物，这是一种极好的保香剂，抹香鲸的名字也是由此而来的。

横行的暴徒——虎鲸：虎鲸也属于齿鲸类。它体长近 10 米，重 7 ~ 8 吨，雌的略小一些，也有 6 ~ 8 米。虎鲸胆大而狡猾，且残暴贪食，是辽阔海洋里"横行不法的暴徒"。虎鲸的英文名称有杀鲸凶手之意。不少人在海上屡屡目睹虎鲸袭击海豚、海狮以及大型鲸类的惊心动魄的情景。虎鲸的口很大，上、下颌各有 20 余枚 10 ~ 13 厘米长的锐利牙齿，大嘴一张，尖齿毕露，更显出一副凶神恶煞的样子。牙齿朝内后方弯曲，上下颌齿互相交错搭配，与人的两手手指交叉搭在一起的形式相似。这不仅使被擒之物难逃虎口，而且还会撕裂、切割猎物。虎鲸很好辨认。在它的眼后方有两个卵形的大白斑，远远看去，宛如两只大眼睛；其体侧还有一块向背后方向突出的白色区域，使它独具一格。虎鲸身体强壮，行动敏捷，游泳迅速，每小时可达55.56千米。游泳时，雄鲸高达1.8米的背鳍突出于水面上，颇与一种古代武器——"戟"倒竖于海面的形状相似，虎鲸因此而另有"逆戟鲸"的别名。

鲸和海豹是海洋动物中的游泳好手和潜水专家。如须鲸类的游泳速度一般每小时30千米左右，在它们受惊的时候，每小时可达40千米；鲲鲸的速度最快，每小时约55千米，比万吨巨轮还要快；抹香鲸游泳速度较慢一些，一般为每小时10千米，最快时为25千米。鲸潜水的时间和潜入深度也很惊人，它可潜入200~300米的深海，历时2小时之久。与海豹相比，鲸的潜水深度比不上可潜入600米的威德尔海豹，但鲸的深潜时间比海豹长得多，威德尔海豹长潜时间为70米，仅是鲸的一半。这是因为鲸的躯体比海豹大得多，鲸在下潜和上浮时的动作显然没有躯体纤细结实的威德尔海豹灵活。但是鲸的肺活量很大，它的肺可容纳15 000升气体，下潜时能够贮存大量氧气。此外，鲸的脑袋像海豹一样，不到体重的1/1000，它们在下潜时，只消耗非常少的氧气，这是它们能够长潜和深潜的共同有利条件。

鲸还有一个特有的生活习性，就是奇特的"喷泉式"的呼吸方式。鲸的外鼻孔位于头顶背部，内鼻孔开口于喉部，鲸在下潜的时候，紧闭鼻孔，露出水面呼吸时，鼻孔张开，凭借肺部的压力和肌肉的收缩，喷出一股羽花状的水柱和飞沫，犹如缕缕喷泉，并伴随一阵汽笛般的啸声，十分壮观。不同种类的鲸所喷水柱的高度和形状是不同的，比如蓝鲸的喷水柱垂直向上，强劲有力，上粗下细，顶部松散，如同礼花，射程高达 10 米以上；其他须鲸类喷水柱的高度一般为 8~10 米；抹香鲸的喷水柱向左前方偏转，喷射力弱，粗短而松散，高度仅 3~4 米。有经验的捕鲸者，根据水柱的特征就可以迅速地判断鲸的种类及其大小和距离的远近。

由于水的阻力比空气大得多，鲸运动起来则需要更多的能量和体力。所以鲸的胃口很大，一头蓝鲸一天能吃 8~10 吨磷虾。蓝鲸口腔的容积达 5 米之多，张口时大量的磷虾和海水一起涌进，闭口时，把海水从唇须缝中挤出，滤出的磷虾一口吞下。内鼻孔开口于喉部，因此可以放心地在水中吞食食物而不致呛住。像鲸这样的庞然大物，长达数十米，重达 100 多吨，在陆地上是无论如何也生存不下去的，不用说觅食，就是活动起来也极为困难，寸步难行。还好海水具有较大的浮力，所以，鲸鱼为肥胖的人提供了一个不用减肥的生活方法，那就是回到水里去生活！当然，鲸鱼的这种生活方式也有它的好处，海里食物非常丰富而鲸鱼的竞争者却相当少，吃饱肚皮是没有任何困难的。

除了抹香鲸以外，大多数鲸类没有成群居住的习性，抹香鲸的家庭成员常常是雌鲸、幼仔和雄鲸各一头，但其周围常有成年的雄鲸邻居伴随，伺机而动，争夺妻妾。抹香鲸的婚姻中"一夫多妻"现象是很常见的。

南大洋的鲸很多是在南极之外繁殖，一般每年一次，每胎产一仔。怀孕期一般为 9~12 个月，蓝鲸为 12 个月，抹香鲸的怀孕期长达 16 个月。蓝鲸的受精卵的重量不到 1 毫克，小到肉眼难以辨别。幼仔出生时体长即达 7~8 米，体重 2~3 吨，是当今世界上最大的婴儿。幼仔的哺育期为 7 个月，每天的哺育量为 400～500 千克。雌鲸的乳汁营养丰富，脂肪的含量达 40%～50%，和海豹相似，是鲜牛奶脂肪含量的 10～15 倍。因此，仔鲸生长快，膘肥体胖。仔鲸在哺育期每小时可增加体重 4 千克，一昼夜竟能增长 80～100 千克。仔鲸在断奶后，生长速度大减。蓝鲸的性成熟为 4～5 年，其寿命最长可达 100 年。须鲸的寿命一般为 40～50 年，最长可达 100 年之久。

鲸还有一个共同习性就是像候鸟一样的迁徙生活，迁徙是鲸的一种本能，也是生存所迫，如须鲸在其他海域很少进食，它们主要在南极海域进食，所以即便远足旅游也必须返回南极海域。南大洋的鲸多数是从亚热带和温带迁徙来的，在每年的 11 月左右到达南极海域，在那里逗留 100 来天，于次年的二三月返回原来海域。在南极海域逗留时间最长的是须鲸，通常在 120 天以上。有的缟臂鲸可在南极海域越冬，并在亚南极区繁殖。其他多数鲸种在南极地区或在迁徙途中寻偶、交配，在温带和亚热带繁殖后代。在南极海域很难看到正在哺乳的仔鲸。

鲸还是一种"会唱歌"的动物，它们在迁徙的途中或者繁殖的季节都会唱小调，在不同场合曲调不同，大约每年它们会更换一次新曲。鲸的这种艺术天才，给它们乏味的旅途生活带来了乐趣。白鲸因为能够发出美妙悦耳的歌喉，被人们称为"海洋中的金丝雀"。

由于海洋资源的大量开发，海洋生态环境的恶化甚至破坏，使得鲸鱼的生存空间越来越狭小。有过这样的报道，由于海洋有毒物质的增加，使得有些鲸无法忍受而"集体自杀"。它们朝着一个方向，集体冲向海滩，企图自杀。人们对此阻拦不了，想救也束手无策，只能看着它们一个劲朝海岸冲来。同时，由于经济利益的趋势，人类对鲸的滥捕滥杀，也使得鲸的数量在急剧减少，有的甚至濒临灭绝，现在是我们对鲸鱼做出保护政策的时候了，否则以后我们就只能在"书上谈鲸"了。

2. 一天到晚游泳的鱼

与世界其他大洋来比，极地的鱼类显得稀少，特别是近表层鱼类更为缺乏。南大洋的鱼类中，优势种是南极鱼目的种族，约占近海鱼类的75%。具有潜在经济价值的鱼类有：南极螣鱼、鳐鱼、鳕鱼和冰鱼等近20种。南大洋的鱼类主要分布在南极辐射带以南的某些水域，特别是岛屿附近海域，更为丰富。

南极鱼类的共同生活习性是喜欢栖息于深水层中，似乎没有密集成群的表层鱼，这与其他大洋形成鲜明的对照。多数南极鱼类的血液不是红色的，而是呈灰白色，这是由于没有血红蛋白之故。

南极鱼类的个头都比较小，多数种类的体长不到25厘米，超过50厘米的很少，只有无须鳕科的齿鱼体长可达1.8米，体重70千克。多数鱼类生长速度缓慢，一般每年体长增加2~3厘米，仅大齿鳍鱼每年可增长7厘米左右，7年可达50厘米。南极鱼类的产卵季节是在南半球的秋末冬初，卵大，一般直径2~4毫米，最大者8毫米，卵呈圆形，充满卵黄，营养丰富。卵在春季孵化出小鱼。此时，正值南大洋的浮游植物大量繁殖的季节，为幼鱼的生长提供了直接或间接的营养来源。多数鱼类以海洋浮游动物为食，有的也食用一些浮游植物。

由于南极鱼类的生长速度慢，个头小，产量低，所以极易使其资源因过度捕捞而遭受破坏，甚至使某些海域资源枯竭。如南乔治亚海区，过去鱼类资源相当丰富，经过几年连续捕捞后，使其资源仅剩

20%。目前国际社会已对该海区和克尔盖伦海区采取了保护措施，以解决局部海区鱼类资源急剧下降的问题。

南极鳕鱼生活在南大洋比较寒冷的海域，甚至在位于南纬82°的罗斯冰架附近，都有它的分布，北极鳕鱼分布于整个北极海域。鳕鱼是典型的冷水性鱼类，在温度超过5℃的海域，是看不见它们踪影的。它是一种中小型鱼类，最大体长可达40厘米，重约几千克，体型短粗，呈银灰色，略带黑褐色斑点，头大，嘴圆，唇厚，血液为灰白色。作为食用鱼类，它肉嫩质白，味道鲜美可口，营养价值较高。在北极地区是重要的经济鱼类之一。

鳕鱼幼鱼以小型浮游植物和浮游动物为食。随着生长，它所摄食的浮游生物个体逐渐由小变大，并部分地捕食小型鱼类。鳕鱼在寒冷地区生长速度非常之快，3龄时，平均体长17厘米，4龄则可达19.5厘米，5龄为21厘米，6龄为22厘米。鳕鱼的最高年龄可达7岁。冬季时，鳕鱼的肝脏占体重的10%，其中含有50%有价值的脂肪，所以鳕鱼成了海豹、鲸和食鱼的鸟类重要的摄食对象；许多陆地动物，例如北极熊、北极狐等则在秋季于海岸上寻找被暴风雪吹到岸上的北极鳕鱼，以弥补食物的不足。

人们对鳕鱼感兴趣的原因还在于它抗低温的独特生理功能，鱼类生理学的研究结果表明，普通鱼类在－1℃就冻成"棒冰"，而南极鳕鱼却能在－1.87℃的温度下活跃地生活，若无其事地游来游去。原来在南极鳕鱼的血液中有一种特殊的生物化学物质，叫做抗冻蛋白，抗冻蛋白的分子具有扩展的性质，好像其结构上有一块极易与水或冰相互作用的表面区域，以此降低水的冰点，从而阻止鳕鱼体液的冻结。因此，抗冻蛋白赋予鳕鱼一种惊人的抗低温能力。鳕鱼已经被作为一种进行抗冻研究和商业性开发的重要资源。

3. 海豹的雪世界

　　海豹几乎分布于世界各海域，寒冷海域更为常见。全球共有34种海豹，约3500万头。南极地区有6种海豹，约3200万头，占世界海豹总数的90%；北极地区有7种海豹，在数量上不如南极多。南极地区为海豹的最重要产地。

　　海豹属于鳍脚目哺乳动物，躯体呈纺锤形，适于游泳，头部圆圆的，皮毛短而光滑，抗风御寒能力强。它既可以在水中生活，又可以登陆栖息，以海洋生物为食。栖息于南极的海豹有锯齿海豹、象海豹、威德尔海豹等5种。个头最大的是象海豹，数量最多的是锯齿海豹。南极地区的海豹主要分布于南极大陆沿岸、浮冰区和某些岛屿周围海域。下面择要者介绍如下：

锯齿海豹又叫食蟹海豹，体长 2.5 米左右，体重约 200 千克，雌性躯体大于雄性。其体色从银灰色到深灰色，有时呈淡红色，背部的色泽比腹部深。锯齿海豹口腔中长有成排尖细的牙齿，上下交错排列，很像锯齿，由此得名。它以磷虾为食，把它称为食蟹海豹是一错觉，因为南极的蟹类极少，不足供其食用。85% 的锯齿海豹身体有伤痕，这是遭受虎鲸的侵袭而造成的，有些也是因为争夺配偶打架时留下的。

雌性锯齿海豹 2 年性成熟，怀孕期 9 个月，在海冰上生殖，每年一胎，每胎产一仔。暖季，锯齿海豹组成繁衍的家庭：一头雌海豹领着几个儿女，有时也有一头雄海豹临时加入，栖息在海冰上。其他季节，它们分别活动在浮冰的边缘。有时也见有三四十头的小群体，但大群体很少见。

锯齿海豹是南极海豹中数量最多的一种，约 3000 万头，占南极海豹总数的 90% 以上，也是世界海豹中数量最多的一种，占世界海豹总数的 85%。据说，它也是当今世界上数量最多的大型哺乳动物。

象海豹：又叫象形海豹和海象，是个头最大的海豹，雄性体长 4 ~6 米，体重 2~3.5 吨；雌性小于雄性，体重为雄性的一半，夫大妻小，极易区别。其数量约为 70 万头。象海豹所以得其名，是因为它的嘴唇上方长着一块别致而富有弹性的肌肉，形状很像大象的鼻子，平时松软下垂，发怒或殴斗时，鼓得很高，伸得很长，有时长达 50 厘米。

象海豹分布在南极的海洋性岛屿周围海域，喜欢群栖，在陆上繁殖，每胎产一仔。每当八九月份繁殖季节来临，成群结队的象海豹跑上岸来，开始了占领地盘、寻找配偶的活动，此时的海滩成了象海豹的乐园。

　　象海豹的繁殖地往往是世袭的领地，离中国南极长城站不远的西海岸沙滩，就是其中的一个，每年有300多头象海豹在这里繁殖。为了占领地盘，雄性象海豹之间经常要进行一场残酷的争斗：胜者占地为王，拥有成群妻妾，败者扫兴而去，另寻出路。在海滩上，人们可以看到，一头雄性象海豹日夜守卫着数十头甚至上百头雌性象海豹的情景，这都是它夺来的妻妾，它时刻警惕来犯之敌。一旦情敌相遇，便不顾一切，展开生死的搏斗。双方怒气冲天，吼声动地，张着大嘴，立身撕咬，直至战得遍体鳞伤，皮开肉绽，鲜血直流。雄性象海豹性情凶猛，雌性象海豹则性情温柔，一旦一头雌性象海豹被雄性占有，便乖乖地跟随着丈夫，温顺地躺在它的身边，如果雌性象海豹有不轨行为，被丈夫发现，就会受到严厉惩罚。因此，一头雄象海豹周围往往躺着少则几十头，多则上百头雌象海豹。象海豹夫妻之间也会

导致殴斗，原因是雌象海豹怀孕后拒绝再次交配。生殖季节一过，雄象海豹就到海上捕食和逍遥了，抚养后代的责任，完全由雌象海豹承担。

象海豹体色的奇妙变化曾让生物学家们迷惑不解：它们在陆地上的颜色呈棕红色，几千头象海豹卧在一起时，好似地上铺了一层棕红色的地毯一样，然而，如果在水下，象海豹的颜色却是灰白色。这究竟是怎么一回事呢？科学家经过研究，解开了这个谜。象海豹的体表是一层约有 6 厘米厚的皮肤，当象海豹在冰冷的白令海中浸泡一段时间后，动脉血管加紧收缩，限制血液流动，同时皮肤的血液循环也迅速下降，于是身体的颜色变成了灰白色。而当象海豹到了陆地时，它的血管开始膨胀，因而呈现出棕红的体色。这种生理变化对象海豹的生存是十分重要的。因为象海豹经常生活在冰冷的海水里，假使象海豹在海水里时血管不收缩，那么它的血液循环将十分迅速，会使体内的宝贵热能很快流失到海水中而消耗殆尽，象海豹也会精疲力竭而死。

威德尔海豹：体长 3 米左右，体重达 300 千克，雌性略大于雄性。它背部呈黑色，其他部分呈浅灰色，体侧有白色斑点，其数量约 75 万只。它在冰上繁殖，每胎产一仔，乳汁脂肪含量高，幼仔显得格外肥胖可爱。威德尔海豹出没于海冰区和冰缘，并能在海冰下度过漫长黑暗的寒冬。它靠锋利的牙齿，啃冰钻洞，伸出头来，进行呼吸，或钻出冰洞，独自栖息，少见成群现象。雌性多栖于冰面，雄性多在水中，二者在水中交配。威德尔海豹主要以鱼类、乌贼和磷虾为食。

南极威德尔海豹是长潜和深潜的优胜者，它们可以潜入 600 米的深海，历时 1 小时之久。下潜时，威德尔海豹的心脏跳动立即从每分钟 55 次下降到 15 次，心脏的血流量，从每分钟 40 升降到 6 升。其他大多数器官只能得到正常血量的 5% ~ 10%，但血压正常，依然保持 21.3 千帕。下潜时血糖也在大量下降，上浮后开始的 5 ~ 10 米仍然继续下降，但此时心功能却开始大幅度的提高。在下潜时由于不能进行呼吸，体内贮存的氧气不久就近乎枯竭，葡萄糖的代谢只能通过无氧酵解的途径变成乳酸，下潜时所需要的能量就是由这些乳酸来供应的。

令人奇怪的是，那么多乳酸是从哪里来的呢？脑和肺不可能制造乳酸，它一定是从海豹身体的其他部位来的。实验表明，乳酸来自肌肉和皮肤，因为这些部位的血流量很低，仅占 15%。由于血少缺氧，这些器官只能进行无氧代谢，产生乳酸。同时，无氧代谢产生的能量是很少的，所以血流量很少的那些器官会消耗非常多的葡萄糖，去产生乳酸。

威德尔海豹的脑袋小得可怜，只有人脑的 5% 左右。威德尔海豹脑对氧的消耗量极低，这对潜水是很有利的。仅从威德尔海豹脑和心脏的耗氧量来看，它还有延长潜水时间的潜力。那么一个庞然大物，长着一个不到体重 1/1000 的小脑袋，并非没有道理，这可能是威德尔海豹能适于深潜和长潜的奥秘之一。

威德尔海豹还是打洞的专家，无意之中它们成了海洋学家的有力助手。威德尔海豹喜欢居住海冰之下，需要不断的浮出水面进行呼吸，每次间隔时间为 10 ~ 20 米，最长可达 70 米。在无冰时，浮到水面呼吸很容易，然而，当海面封冻时，呼吸便成了威德尔海豹的一大难题了。当威德尔海豹被封在海冰或浮冰群的底层时，就无法随时浮出水面进行呼吸，它闷得无法忍受时，就不顾一切大口大口地啃起冰来。费尽了平生之力，啃出了一个洞，它才能钻出洞外，有气无力地躺着，尽情地呼吸着空气。然而，它的嘴磨破了，鲜血直流，染红了冰洞内外；它的牙齿磨短了，磨平了，磨掉了，再也不能进食，也无法同它的劲敌进行搏斗了。正是由于这种原因，本来可以活20多年的威德尔海豹一般只能活8～10年，有的甚至只活4～5年就丧生了。更严重的是，有的威德尔海豹还没有钻出洞口，就因缺氧和体力耗尽而死亡。为了保存自己用鲜血和生命换来的冰洞，威德尔海豹每隔一段时间就要重新啃一次，避免洞口被再次冻结。这样，冰洞就成了它进出海洋、呼吸和进行活动的门户。

威德尔海豹用鲜血和生命换来的冰洞，是海洋学家进行海洋科学研究的极好场所。海洋学家可利用这些冰洞采集海水样品，从而进行海洋化学和海洋生物学的研究；还可以把各种海洋学仪器放进冰洞，进行海洋物理学等学科的研究。假如用人工钻这样一个冰洞，要耗费很多人力和物力。因此，人们把威德尔海豹称为打孔巨匠和海洋学家的有力助手。

海豹的经济价值极高，肉质味道鲜美，且具丰富的营养；是当地土著居民最喜爱的食物；皮质坚韧，可以用来制作衣服、鞋、帽等来抵御严寒；脂肪可用来提炼工业用油；雄海豹的睾丸、阴茎、精索是极其贵重的药材，俗称海狗肾，与其他药物一起配制而成的中药，具健脑补肾、生精补血和壮阳的特殊功效；肠是制作琴弦的上等材料；肝富有维生素，是价值极高的滋补品；牙齿可制作精美的工艺品。

正因为如此，海豹遭到了严重的捕杀。特别是美国、英国、挪威、加拿大等国每年派众多的装备精良的捕海豹船在海上大肆掠捕，许多海豹，特别是格陵兰海豹和冠海豹的数量减少得特别多。

除捕猎外，海洋污染对海豹的危害也是灾难性的。例如1988年春，欧洲的北海沿岸发生了一起海洋污染，这起污染导致海豹机体抵抗力大大减弱，引发一场流行病的盛行，结果在半年的时间内有近

18 000头海豹死亡的恶性事件。近年来关于海洋污染导致海豹死亡的事件常有报道。

4. 深海打捞员——海狮

海狮吼声如狮，且个别种颈部长有鬃毛，又颇像狮子，故而得名。海狮体长2米左右，体重约150千克，数量90万头，它的四脚像鳍，很适于在水中游泳。海狮的后脚能向前弯曲，使它既能在陆地上灵活行走，又能像狗那样蹲在地上。而海豹的后肢却是恒向后伸，不

能朝前弯曲，故不能在陆地上步行。虽然海狮有时上陆，但海洋才是它真正的家，只有在海里它才能捕到食物、避开敌人，因此一年中的大部分时间，它们都在海上巡游觅食。

海狮也是一种十分聪明的海兽。经人调教之后，能表演顶球、倒立行走以及跳越距水面1.5米高的绳索等技艺。海狮对人类帮助最大的莫过于替人潜至海底打捞沉入海中的东西。自古以来，物品沉入海洋就意味着有去无还，可是在科学发达的今天，一些宝贵的试验材料必须找回来，比如从太空返回地球而又溅落于海洋里的人造卫星，以及向海域所做的发射试验的溅落物等。当水深超过一定限度，潜水员也无能为力。可是海狮却有着高超的潜水本领，人们求助它来完成一些潜水任务。例如，美国特种部队中一头训练有素的海狮，在1米内将沉入海底的火箭取上来，人们付给它的"报酬"却只是一点乌贼和鱼。这真是一本万利的好生意。

海狮主要生活于南极海洋岛屿周围海域，主要以鱼类和乌贼等头足类为食。它的食量很大，如身体粗壮的北海狮，在饲养条件下一天喂鱼最多达40千克，一条1.5千克重的大鱼它可一吞而下。若在自然条件下，每天的摄食量要比在饲养条件下增加2~3倍。

海狮的毛皮华贵，早已成为猎捕的对象，国际社会不得不采取了相应的保护措施，才使其免于灭绝之灾，近年来，其数量才慢慢恢复起来。

5. 鸟类贵族俱乐部

南极地区的鸟类全部是海鸟，除不会飞的企鹅外，其他均为飞鸟。在南极繁殖的飞鸟有30余种，南极地区海洋飞鸟的种类稀少，但数量却相当可观，约 6500 万只。如果加上企鹅，海鸟总数更是多得惊人，约 1.78 亿只。据海鸟学家估算，全世界的海鸟约 10 亿只之多，南极地区的海鸟约占世界海鸟总数的 18%。但是其中只有雪海燕是土著居民，其他均为异洲侨民。这些异洲侨民为飞鸟，主要是信天翁类和海燕类，其余为海鸥类等。信天翁类有漫游信天翁、黑眉信天翁、灰头信天翁和浅烟灰信天翁，总数约为 3900 万只。海燕类有南部巨海燕、北部巨海燕、南极海燕、蓝海燕、大翅海燕、白头海燕、灰海燕和南极黑背海燕等 19 种，约 1100 万只。其他鸟类有南极贼鸥、大贼鸥和南极绿鸬鹚等。

南极飞鸟中个体最大的是漫游信天翁，体重 5～6 千克，它也是世界上最大的飞鸟。其次是巨海燕，南部巨海燕和北部巨海燕的体重均约 4.5 千克，飞行时翅端间距可达 2.1 米。个体最小的飞鸟是威尔逊风暴海燕，体重仅 36 克，但飞翔速度极快，抗风能力很强，能在强大的风暴中飞翔，因此而得名。这些海洋飞鸟主要以磷虾为食，也食用乌贼和鱼类等海洋生物，它们在南大洋海洋生态系中起着重要作用。漫游信天翁是南极地区最大的飞鸟，也是世界飞鸟之王。它身披洁白色羽毛，尾端和翼尖带有黑色斑纹，躯体呈流线型，展翅飞翔时，翅端间距可达 3.4 米。号称飞翔冠军的漫游信天翁，对日行千里习以为常，且连飞数日，毫不倦怠，甚至绕极飞行，也锐气不减。漫游信天翁还是空中滑翔的能手，它可以连续几小时不扇动翅膀，仅凭借气流的作用，一个劲地滑翔，显得十分自在。

漫游信天翁被航海家誉为吉祥之鸟和导航之鸟。船只航行在咆哮的南大洋上时，通常可以看到它们不辞劳苦，飞奔而至，盘旋翱翔，给船只领航。中国科学家在前往南极洲的途中，就遇见过漫游信天翁，起初人们误认为它是为了捕食船只击伤的鱼虾。后来发现，它并不尾随在船尾，也没有表现任何捕食的行为，而是一个劲地盘旋翱翔，时而高、时而低、时而远、时而近，船员们说这是信天翁在"导航"，低空盘旋意味着前面有冰山或浮冰群，勇往直前的高飞则暗示着前面是开阔的海洋。但是，有的鸟类学家认为它们是好奇，信天翁从来没有或很少见到过人和船，出于一种好奇和本能，不断地追逐船只。

南极海燕类属于管鼻鸟，它们有一个共同特征，就是嘴角上有一个鼻孔状的管子，与胃相通，平时有鼻涕似的糊状物封闭，应急时作为防御的武器。南极海燕的这种习性特别明显，当人们靠近它时，它张张大口，伸伸脖子，像是表示欢迎，其实，那是在准备"武器"，并发出警告：神圣领地，不可侵犯！当人们触动它或其子女时，它便怒气冲天，趁人不备，突然发动进攻，像水枪一样将胃中的液体喷射出来，足足能喷半米远。这种液体呈油性，略带橙黄色，腥臭难闻，溅到衣服上，一时难以清除。

空中强盗——贼鸥：贼鸥是南极海鸥中的一种，羽毛褐色洁净，嘴喙粗黑发亮，圆眼睛，目光炯炯有神，长相并不难看，但因其惯于"偷盗抢劫"而得恶名。它是企鹅的大敌，在企鹅的繁殖季节，贼鸥经常出其不意地袭击企鹅的栖息地，叼食企鹅的蛋和雏企鹅，常常闹得鸟飞蛋打，众鸟不安。贼鸥好吃懒做，不劳而获，它从来不自己垒窝筑巢，而是采取霸道手段，抢占其他鸟的巢窝，驱散其他鸟的家庭，有时，甚至穷凶极恶地从其他鸟、兽的口中抢夺食物。一填饱肚皮，就蹲伏不动，消磨时光。称它们为空中强盗，一点也不过分。

懒惰成性的贼鸥，对食物的选择并不十分严格，不管好坏，只要能填饱肚子就可以了。除鱼、虾等海洋生物外，鸟蛋、幼鸟、海豹的尸体等、甚至鸟兽的粪便都是它的美餐。考察队员丢弃的剩余饭菜和垃圾也可以成为它的美味佳肴。在饥饿之时，它甚至钻进考察站的食品库，像老鼠一样，吃饱喝足，临走时再捞上一把。有时它们还给科学考察者带来很大的麻烦。在野外考察时，如果不加提防，随身所带的野餐食品，会被贼鸥叼走，碰到这种情况，人们只能望空而叹。当人们不知不觉地走近它的巢地时，它便不顾一切地袭来，叽叽喳喳地在头顶上乱飞，甚至向人们俯冲，又是抓，又是叫，有时还向人们头上拉屎，大有赶走考察队员，摧毁科学考察站之势。

可能由于长期行盗的锻炼，贼鸥具有很强的飞行能力，有时南极的贼鸥也能飞到北极，并在那里生活。在南极的冬季时，有少数贼鸥还会在亚南极南部的岛屿上越冬。中国南极长城站周围就是它们的越冬地之一，那里到处是冰雪，周围的大片海洋也被冻结。这时，贼鸥的生活更加困难，没有巢居住，没有食物吃，也不远飞，就懒洋洋地待在考察站附近，靠吃站上的垃圾过活，它们就只能委屈地扮演"义务清洁工"的角色了。

6. 冰天雪地中的绅士

企鹅是一种海鸟，他们是南极的土著居民，因为具有较多的群体特性，被人们称为南极的象征。企鹅的数量多、密度大、分布广，现已发现南极地区约有 1 亿多只企鹅，占世界海鸟总数的 1/10。他们成群结队分布在南极大陆的沿岸及亚南极区的岛屿上，世世代代在南极同甘共苦，锻炼和造就了一身适应南极恶劣环境耐低温的特异生理功能。看到或想到企鹅，人们就想到寒冷的世界——南极洲，一种清凉爽快的感觉油然而生，他们大摇大摆的走姿，道貌岸然、彬彬有礼、绅士般的风度让人难忘。凡是登上南极陆地的人们，首先注意到的就是成群结队的企鹅，他们给南极洲这个冷落、寂寞的冰雪世界带来了生机。

在企鹅的一生中，生活在海里和陆上的时间约各占一半。企鹅不会飞，但善游泳。在陆上行走时，行动笨拙，脚掌着地，身体直立，依靠尾巴和翅膀维持平衡。遇到紧急情况时，能够迅速卧倒，舒展两翅，在冰雪上匍匐前进；有时还可在冰雪的悬崖、斜坡上，以尾和翅掌握方向，迅速滑行。企鹅游泳的速度十分惊人，成体企鹅的游泳时速为20～30千米，比万吨巨轮的速度还要快，甚至可以超过速度最快的捕鲸船。企鹅跳水的本领可与世界跳水冠军相媲美，它能跳出水面2米多高，并能从冰山或冰上腾空而起，跃入水中，潜入水底。因此，企鹅称得上是游泳健将、跳水和潜水能手。

南极企鹅的种类并不多，但数量相当可观。据鸟类学家长期观察和估算，南极地区现有企鹅近1.2亿只，占世界企鹅总数的87%，占南极海鸟总数的90%，世界海鸟总数的10%。数量最多的是阿德利企鹅，约5000万只，其次是帽带企鹅，约300万只，数量最少的是帝企鹅，约57万只。

企鹅以海洋浮游动物为食，主要是南极磷虾，有时也捕食一些腕足类、乌贼和小鱼。企鹅的胃口很好，每只企鹅每天平均能吃0.75千克食物，以南极磷虾为主。因此，企鹅作为捕食者在南大洋食物链中起着极其重要的作用。企鹅每年在南极捕食的磷虾约3317万吨，占南极鸟类总消耗量的90%，相当于鲸捕食磷虾的一半。

企鹅的栖息地因种类和分布区域的不同而异，帝企鹅喜欢在冰架和海冰上栖息；阿德利企鹅和金图企鹅既可以在海冰上，又可以在无冰区的露岩上生活；亚南极的企鹅，大都喜欢在无冰区的岩石上栖息，并常用石块筑巢。

企鹅喜欢群栖，一群有几百只、几千只，甚至上万只，最多者甚至达 10 万～20 万只。在南极大陆的冰架上，或在南大洋的冰山和浮冰上，人们可以看到成群结队的企鹅聚集的盛况。有时，它们排着整齐的队伍，面朝一个方向，好像一支训练有素的仪仗队，在等待和欢迎远方来客；有时它们排成距离、间隔相等的方队，如同团体操表演的运动员，阵势十分整齐壮观。

企鹅的性情憨厚、大方，十分逗人。尽管企鹅的外表道貌岸然，显得有点高傲，甚至盛气凌人，但是，当人们靠近它们时，它们并不望人而逃，有时好像若无其事，有时好像羞羞答答，不知所措，有时又东张西望，交头接耳，叽叽喳喳。那种憨厚并带有几分傻劲的神态，真是惹人发笑，也许是它们很少见到人的原因吧。

企鹅生活在南极洲如此寒冷的环境里，让我们不禁想问南极企鹅的老家就在南极吗？企鹅的祖先是不是也不会飞？企鹅是怎样进化而来的？

关于这样的问题对生物学家来说迄今仍是一个谜。但有一种说法认为南极洲的企鹅来源于古冈瓦纳大陆裂解时期的一种会飞的动物。大约距现在 2 亿年以前，冈瓦纳大陆开始分裂、解体，南极大陆分离出来，开始向南漂移。此时恰巧有一群会飞的动物在海洋的上空飞翔，它们发现了南极大陆这块乐土，于是它们决定降落到这块土地上。开始它们在那里过得十分美满，丰衣足食，尽情地追逐、狂欢。然而，好景不长，随着大陆的南下，越来越冷了，它们想飞也无处飞了，四周是茫茫的冰海雪原，走投无路，只好安分守己地待在这块土地上。不久南极大陆飘到了极地，日久天长，终于盖上了厚厚的冰雪，原来繁茂的生物大批死亡，唯有企鹅的祖先活了下来。但是，它们却发生了脱胎换骨的变化，由会飞变得不会飞了，原来宽阔蓬松的羽毛变成了细密针状羽毛，苗条细长的躯体也变得矮胖了。生理功能也发生了深刻的变化，抗低温的能力增强了。随着岁月的流逝，世纪的更替，它们终于变成了现代的企鹅，成为南极地区的土著居民。

这种说法虽然有些离奇，但是也有一些科学根据支持。古生物学家在南极洲曾经发现过类似企鹅的化石，分析结果认为，当时的这种类似企鹅的鸟类具有两栖类动物的某些特征，高 1 米左右，重 9.3 千克，可能就是企鹅的前身。

企鹅的种类世界上约有 20 种企鹅，全部分布在南半球，并以南极大陆为中心，向北可至非洲南端、南美洲和大洋洲，主要分布在大陆沿岸和某些岛屿上。南极地区企鹅共有 7 种：帝企鹅、阿德利企鹅、金图企鹅（又名巴布亚企鹅）、帽带企鹅（又名南极企鹅）、王企鹅（又名国王企鹅）、喜石企鹅和浮华企鹅。这 7 种企鹅都在南极及南极辐射带中繁殖后代。南极地区以外的企鹅有加岛环企鹅、洪氏环企鹅、麦氏环企鹅、斑嘴环企鹅、厚喙企鹅、竖冠企鹅、黄眼企鹅、白翅鳍脚企鹅和小鳍脚企鹅等 10 多种，属于温带和亚热带种类，个体都比南极企鹅小，有的背部还带有白色斑点。

南极企鹅共同的形态特征是，躯体呈流线型，背披黑色羽毛，腹着白色羽毛，翅膀退化，呈鳍形，羽毛为细管状结构，披针形排列，足瘦腿短，趾间有蹼，尾巴短小，躯体肥胖，大腹便便，行走蹒跚。不同种的企鹅还具有明显的个体特征。

在南极的夏季，帝企鹅主要生活在海上，它们在水中捕食、游泳、嬉戏，一方面把身体锻炼得棒棒的，一方面吃饱喝足，养精蓄锐，迎接冬季繁殖季节的到来。4 月份，南极开始进入初冬了，帝企鹅爬上岸来，开始寻找"安家立业"的宝地了。它们一边走，一边追逐、嬉戏，谈情说爱，寻找配偶。帝企鹅的爱情生活颇有一番风趣，

"三角恋爱"和"情场风波"等也时有发生。假如两只雄企鹅同时爱上了一只雌企鹅，为了争夺恋爱对象，它们常常斗得面红耳赤，遍体鳞伤。败者夹着尾巴，灰溜溜地扫兴而去；胜者则洋洋得意，手舞足蹈，迅速奔到恋人身边，嘴对着嘴，胸贴着胸，紧紧依偎在一起。如果两只雌企鹅为了争夺一个丈夫，也会出现类似的情景。

帝企鹅的家庭是企鹅家庭的代表。对企鹅的婚姻制度有着多种说法，"一夫一妻"制，"一夫多妻"制，还有"多夫一妻"制，迄今好像没有确切的研究和考证。不过，从帝企鹅的求偶行为来看，说它是"一夫一妻"制的家庭生活，似乎容易被人们接受。

帝企鹅经过一段爱情生活的波折后，情投意合的伴侣选择好了，繁殖地找到以后，便开始它们的家庭生活——交配、怀卵、产蛋、孵蛋和抚养雏企鹅。雌企鹅怀卵2个月左右，在5月份左右便开始产蛋。帝企鹅每次产1枚蛋，呈淡绿色，形状像鸭蛋，但比鸭蛋大得多，重约0.5千克；其他企鹅每次产2枚蛋，大小不等。所有企鹅都是每年繁殖一次。雌企鹅在怀卵期也产生妊娠反应，食欲大减，反应严重的长达一个月不进食。雌企鹅产蛋后便完成任务了，孵蛋的重任就由雄企鹅承担了。

在庞大的动物世界中，雌性生儿育女似乎是一种本能和天职，人们对这种天经地义的事情也早已习以为常了。然而，帝企鹅却打破了常规，创造了雄企鹅孵蛋的奇迹，这不能不说是动物界的一大壮举。

雌企鹅在产蛋以后，立即把蛋交给雄企鹅。从此，雌企鹅的生育任务就告一段落了。事隔一两日，雌企鹅放心地离开了温暖的家庭，跑到海里去觅食、游玩和消遣了。因为它在怀孕期间差不多一个来月没有进食了，精神和体力的消耗十分严重，也该到海里去休息一下，饱餐一顿，恢复体力了。

雄企鹅孵蛋的确是一项艰巨的任务。因为企鹅的生殖季节，正值南极的冬季，气候严寒，风雪交加。企鹅的生殖期选在南极冬季，是因为冬季敌害少一些，能提高繁殖率，同时，到小企鹅生长到能独立活动和觅食时，南极的夏天就来临了，小企鹅可以离开父母，过自食其力的生活了。这也是企鹅适应南极环境的结果。

在孵蛋期间，为了避寒和挡风，几只雄企鹅常常并排而站，背朝来风面，形成一堵挡风的墙。孵蛋时，雄企鹅双足紧并，肃穆而立，以尾部作为支柱，分担双足所承受的身体重量，然后用嘴将蛋小心翼翼地拨弄到双足背上，并轻微活动身躯和双足，直到蛋在脚背停稳为止。最后，从自己腹部的下端耷拉下一块皱长的肚皮，像安全袋一样，把蛋盖住。从此，雄企鹅便弯着脖子，低着头，全神贯注地凝视着、保护着这个掌上明珠，竭尽全力、不吃不喝地站立60多天。一直到雏企鹅脱壳而出，它才能稍微松一口气，轻轻地活动一下身子，理一理蓬松的羽毛，鼓一鼓翅膀，提一提神，又准备完成护理小企鹅的任务。

刚出生的小企鹅，不敢脱离父亲的怀抱擅自走动，仍然躲在父亲腹下的皱皮里，偶尔探出头来，望一望父亲的四周，窥视一下四周冰天雪地的陌生世界，很快就把头缩回去了。雄企鹅看到那初生的小宝贝，露出了幸福美满的笑容。一周之后，小企鹅才敢在父亲的脚背上活动几下，改变一下位置。在这期间，小企鹅没有食吃，只靠雌企鹅留给它体内的卵黄作为营养，维持生命，所以经常饿得喳喳叫，甚至用嘴叮啄雄企鹅的肚皮。然而，小企鹅哪里知道，在长达3个月的时间里父亲所受的苦难和付出的代价：冒严寒顶风雪，肃立不动，不吃不喝，只靠消耗自身贮存的脂肪来提供能量和热量，保证孵蛋所需要的温度，同时维持自己最低限度的代谢。在孵蛋和护理小企鹅期间，一只雄性帝企鹅的体重要减少 10~20 千克，即将近体重的一半。

雌企鹅自从离别丈夫之后，在近岸的海洋里，玩够了，吃饱了，喝足了，怀卵期的损耗也得到了弥补，又变得心宽体胖，精神焕发。一想到它的宝贝快要出世了，便匆匆跃上岸来，踏上返回故居之路，寻找久别的丈夫和初生的孩子。然而，此时此刻，雌企鹅可曾想到，它的家庭成员是祸还是福，是凶还是吉？

雄企鹅孵蛋的孵化率很难达到 100%，高者达 80%，低者不到 10%，甚至有"全军覆没"的惨相发生。这倒不是由于雄企鹅的"责任"事故，也不是由于它孵蛋的经验不足，技术不佳，主要是由于恶劣的南极气候和企鹅的天敌所致。造成灾害的气候因素有两个：一是风，二是雪。企鹅孵蛋时若遇上每秒 50~60 米的强大风暴，就难以抵挡，即使筑起挡风的墙也无济于事。可以想象，强大风暴能刮走帐篷，卷走飞机，使建筑物搬家，把几百千克重的物体抛到空中，更何况小小的企鹅呢！遇到这种天灾，只能落得鹅翻蛋破，幸者逃生。特别是雪暴，即风暴掀起的强大雪流，怒吼着、咆哮着、奔腾着，横冲直撞地袭击着一切，孵蛋的企鹅不是被卷走就是被雪埋，幸存者屈指可数。

企鹅还有两个天敌，一是凶禽——贼鸥，二是猛兽——豹形海豹。虽然企鹅选择在南极的冬季进行繁殖，是为了避开天敌的侵袭。但是，天有不测风云，企鹅也有旦夕祸福。冬季偶尔也会有天敌出没，万一孵蛋的企鹅碰上这些凶禽、猛兽，也是凶多吉少，企鹅蛋不是被吞，就是破碎。这种悲惨情况时有发生。

初生企鹅的幼儿阶段，是在雄企鹅的脚背上和身边度过的，雄企鹅既是父亲又是保育员。尽管初生的企鹅样子不怎么好看，浑身毛茸茸的，灰黄色，瞪着一对带内圈的小眼睛，走起来，东歪西斜，但雄企鹅对它仍然十分疼爱。小企鹅出生后，有时会饿得喳喳直叫，雄企鹅又心疼，又着急，便伸几下脖子，试图从自己的嗉囊里吐出一点营养物来，填充一下小企鹅的肚子。然而，这种努力失败了，一点东西也吐不出来了。可以想象，自从孵蛋以来，雄企鹅差不多有 3 个来月没有进食了，自己的嗉囊早已空空如也，哪里还能挤出什么东西来呢！它这样做，只不过是对小企鹅的一种安慰罢了。因此，雄企鹅焦急地等待着雌企鹅的到来。

凭着生物的本能和鸟类特有的磁性定位测向的功能，雌企鹅准确地回到了它生儿育女的栖息地。凭着雄企鹅的叫声——企鹅通讯和交流感情的语言，雌企鹅又准确无误地认出了它的丈夫，找到了它的孩子。此刻，雌企鹅，除了与久别重逢的丈夫亲热之外，所想到的就是它的宝贝。它给它的宝贝的第一件礼物就是一顿美餐。小企鹅见到了妈妈，本能地张开了嘴巴，雌企鹅把嘴伸进小企鹅的嘴里，从自己的嗉囊里吐出一口又一口的流汁食物，这是小企鹅出生以来的第一顿饱餐，也是它第一次享受到母爱。从此，小企鹅就由雌雄企鹅轮流抚养。雄企鹅把小企鹅交给妻子之后，也跑到海里去觅食，此时它已显得消瘦，筋疲力尽。

由于父母双亲的精心抚养，小企鹅长得很快，不到 1 个月，就可以独立行走、游玩了。为了便于外出觅食和加强对后代的保护和教育，企鹅父母便把小企鹅委托给邻居照管。这样，由一只或几只成体帝企鹅照顾着一大群小企鹅的"幼儿园"就形成了。在企鹅幼儿园里，成体企鹅像照顾自己的子女一样，精心地照顾所有的小企鹅。小企鹅也很听话，在那里过得很开心，等它们的父母回来，才把它们接回去。

幼儿园的小企鹅偶尔也会遭受凶禽、猛兽的侵袭，此刻，成体企鹅就会发出救急信号，招呼邻居，前来增援，对来犯之敌，群起而攻之。尽管小企鹅在家庭和集体的精心抚养和照料下，不断成长、健壮，然而，由于南极恶劣环境的压力和天敌的侵害，小企鹅的存活率很低，仅占出生率的20%～30%。小企鹅出生3个月左右，南极的夏季来临了，它们跟随父母下海觅食、游泳。当南极的盛夏来临时，它们已长出丰满的羽毛，体力也充沛了，于是它们脱离父母，开始过自食其力的独立生活。

第五节　南极的原始植物——地衣

　　地衣是地球上最古老的植物之一，是一类原始型的低等植物，它能适应南极洲那种沙漠般的干燥和极度寒冷的环境，所以它是分布最广、种类最多的南极土著植物。它主要分布于南极大陆的绿洲和时有冰雪覆盖的岩石表面，甚至在离南极点仅有几个纬度的岩石上，也有它的踪迹。它是在有阳光照射的季节里，完成其生命过程的。

　　地衣是真菌和光合生物之间稳定而又互利的联合体，真菌是主要成员。另一种定义把地衣看做是一类专化性的特殊真菌，在菌丝的包围下，与以水为还原剂的低等光合生物共生，并不同程度地形成多种特殊的原始生物体。传统定义把地衣看做是真菌与藻类共生的特殊低等植物。1867年，德国植物学家施文德纳做出了地衣是由两种截然不同的生物共生的结论。在这以前，地衣一直被误认为是一类特殊而单一的绿色植物。全世界已描述的地衣有500多属，26 000多种。从两极至赤道，由高山到平原，从森林到荒漠，到处都有地衣生长。

南极洲的 350 余种地衣，形态各异，大的有 10～15 厘米高，小的仅有几毫米。有的种类生长在岩石表面，形成形状不同、颜色各异的石花样的"斑点"。南极地衣具有潜在的开发利用价值。最近的研究结果揭示，地衣的提取液，有抗辐射线的能力，能抵抗剂量较大的紫外线、γ 射线和 X 射线。还有报道说，某些种属的地衣的提取物，具有抗癌的效果，科学家正在进行更深入的研究，以使地衣得到更为充分的利用。地衣靠孢子繁殖后代，但生长速度却十分缓慢，即使个体最大、生长速度较快的种类，每 100 年才生长 1 厘米。据说一株 10 厘米的地衣，其寿命约一万年。

地衣生长所需的水分是冰雪融化时得到的。所需要的营养是由岩

石的化学风化物提供的，也可能是由于风把鸟粪从远处带来，像尘埃一样，吹到地衣生长地提供的。最近的研究表明，有几种地衣，其假根可以分泌地衣酸，溶解岩石，一方面固定自己，另一方面从中得到营养。

第五章　人类的资源库

目前我们居住的地球已经面临资源枯竭、能源危机、环境严重恶化、气候异常，而人口却在不断地增加，因而全球变化的课题为了解决或者调和有限的地球和无限与增长的人类之间的复杂尖锐的矛盾而提了出来。在这一研究中，两极地区则具有特别重要的意义。因为这两个地区不仅面积大，而且由于地理上的特殊性，它们对全球气候的趋势性变化具有极强的控制作用，人们的探索目光和科学的注意力自然转向两极地区。

第一节　探索资源的步伐

当带着好奇和征服心理的探险家来到这儿时，他们发现这里只是人烟稀少而几乎被冰雪完全覆盖的土地时，他们自然会想到那些可能深埋在地下的宝藏。但严酷的自然条件让人们认为即使有矿产，在现在要进行充分的利用也是很难的。不过还是让我们来看看两极地区到底为我们储藏了什么样的矿产资源，有朝一日，我们的技术水平提高了，我们就能够在环境没有被破坏的前提下进行充分的利用。

1. 北极——极地科学的起源地

北极地区与南极地区一样，因其独特的地理位置和自然条件，已经成为科学研究理想的天堂，受到世界许多国家科技工作者的广泛关注。事实上，人类对北极的考察，从古希腊就已经开始了。不过，大规模科学考察时代，却是开始于 1957～1958 年的国际地球物理年。当时有 12 个国家的 1000 多名科学家在北极进行了大规模、多学科的考察与研究，并在北冰洋沿岸建成了 54 个综合考察站，还在北冰洋中的海冰上建立了多个浮冰漂流站和无人浮标站。

实际上，北极的科学考察无论从历史还是规模都远远超过南极，从 19 世纪 20 年代至 20 世纪 70 年代，先后有 70 艘船在北冰洋进行过 300 多航次的科学考察。然而直到 1990 年，第一个统一的非政府国际科学组织，也就是所谓的"八国条约"的签署，北极才有了真正的统一有效的国际科学合作组织。目前在北极地区的科学考察站达数百个，此外至少还有数十艘以科学考察为名以军事探察为目的核潜艇航行在北冰洋海冰之下。

1990 年 8 月 28 日，经过 4 年多的艰苦谈判之后，在北极圈内有领土和领海的加拿大、丹麦、芬兰、冰岛、挪威、瑞典、美国和前苏联共 8 个国家的代表，在加拿大的雷字柳特湾市最后签署了国际北极科学委员会章程条款，成立了第一个统一的非政府国际科学组织，也就是所谓的"八国条约"。这虽然是一个"非政府机构"，但章程条款明确规定，只有国家级别的科学机构的代表，才有资格代表其所属国家参加该委员会。1991年1月，该委员会在挪威的奥斯陆召开了第一次会议，并接纳法国、德国、日本、荷兰、英国5个国家为其正式成员国。至此，人类在北极地区的国际科学合作，终于迈出了艰难的，但却是具有历史意义的一步。1996年4月23日，国际北极科学委员会通过决议，接受已在北极地区开展过实质性科学考察的中国为其第16个成员国。

北极地区具有大面积的永久性冻土带，里面储存有大量的地球古环境信息，并保存有大量的固体碳氢化合物，这些化合物具有调节温室效应，进而影响全球性气候变化的巨大潜力。此外，北极地区还有近700多万的居民，这些原因使得北极地区具有独特的科学研究价

值，其科学考察的内容和重点与南极有所不同。

北极地区与被环极的洋流隔绝起来而几乎成为生命禁区的南极大陆相比，北极陆地的生命活动更加丰富多彩。北极生物多样性、生物总量、生态环境的研究，不仅直接关系到当地居民的生存环境，而且由于北极与北半球中、低纬度区生物的亲缘关系，这些研究从人类的生物资源前景、生物基因工程等角度来看应具有更加广泛而深远的意义。

目前在北极进行研究的学科有：测绘与制图学、地质学、地理学、固体地球物理学、大气物理学、冰川学、海洋学、气象学、生物学、天文学、人文科学、人体医学、后勤补给手段以及环境科学。大量的高科技在极地的科学研究中，得到了很快的推广和应用。

北极的全球战略意义：居于科学的、经济的、政治的和战略的原因，很多国家通过各种外交手段，在北极展开激烈的争斗，相继在北极地区获得了一定的领土主权。各国政府在北极花费巨资进行探险和考察，其重要目的之一就在于跻身北极，为未来的能源和战略考虑。

英国于 1553～1848 年得到了从埃尔斯米尔岛到迈克尔森山脉的广阔区域；俄国于 1648～1743 年得到了西伯利亚和阿拉斯加；1867 年美国又从俄国手中买到了阿拉斯加，正式跻身北极；丹麦得到了冰岛，现在的冰岛已经于 1918 年独立为主权国家，成为北极地区一个重要的国家；挪威也于 1920 得到了斯瓦尔巴群岛……总之，越来越多的国家寻找各种主张和借口在北极获得了领土主权。

在这些争夺北极利益的外交活动中，美国从俄国手中购买阿拉斯加的领土交易，最能体现北极地区的战略意义和其矿藏的价值。1867

年3月30日，美国政府支付了720万美元正式从俄国手中获得了阿拉斯加，相当于每平方千米4美元74美分。这使得美国的领土面积增加了20%，也从此变成了名正言顺的北极国家。尽管购买价格非常便宜，主张购买阿拉斯加的国务卿西沃德还是受到了国人的猛烈攻击。不过，仅仅在7年以后，阿拉斯加就发现了金矿。到1906年，阿拉斯加的黄金产量达103万盎司，价值2136万美元，几乎可以买3个阿拉斯加。

这只是阿拉斯加的经济价值，在第二次世界大战时，才显示了阿拉斯加的战略意义。使得美国人认为购买阿拉斯加是非常明智的政治行为。1942年日本在成功偷袭美国太平洋舰队最大的海军基地珍珠港以后，接着就出兵占领了阿留申群岛顶端的两个岛屿。美国人才意识到日本人可能通过阿拉斯加从北面入侵美国本土，刹那间，阿拉斯加便身价倍增，这块"廉价的土地"竟然关系到美国安危。它成了美国人"最后的前线"，最后在反法西斯的战争中起到了至关重要的作用。

北极还有一个重要的条约——《斯瓦尔巴条约》，它是迄今为止在北极地区唯一的具有足够国际色彩的政府间条约。1596年6月19日荷兰探险家巴伦支发现以后，各国的商人纷纷前往斯瓦尔巴群岛捕鲸猎熊、开采煤矿等多种矿产资源。鉴于此状况，1920年2月9日，英国、美国、丹麦、挪威等18个国家，在巴黎签订了斯匹次卑尔根群岛行政状态条约，即斯瓦尔巴条约。1925年，包括中国在内的33个国家也参加了该条约，成为斯瓦尔巴条约的协约国。该条约使斯瓦尔巴群岛成为北极地区第一个，也是唯一一个非军事区。条约承认挪威"具有充分和完全的主权"，该地区"永远不得为战争的目的所利用"。但各缔约国的公民可以自由进入，在遵守挪威法律的范围内从事正当的生产和商业活动和正常的科学考察活动。

2. 南极——科学的天堂

古往今来，科学家们总是梦想着能有一块属于他们自己的土地，在那儿，它们可以自由自在地去钻研、去开拓、去拼搏，既不受别人的干扰，也不受社会所驱使，他们可以将自己的才能得以淋漓尽致地发挥出来，为人类创造更多的奇迹。然而，在地球上，这样的天堂几乎是不存在的了。只有在他们来到南极的时候，他们才发现，这里正是他们梦寐以求的天堂。南极无论是自然条件还是社会条件都是得天独厚、独一无二的，更为重要的是，由于南极地区特殊的位置以及奇

特的环境状态，有许多学科的研究必须在南极地区这个天然实验室内进行。另一方面，有关南极地区的一些科学问题具有全球性意义，与人类的前途和命运休戚相关。

地球物理学家在南极不仅测出了磁南极的确切位置，而且还意外的发现磁南极和磁北极一样，它们的位置都是在不断地漂移着。

地质学家在南极不仅搜索到了许多大陆漂移的确切证据，而且还惊奇地发现，南极大陆原来真是冈瓦纳古陆的核心，当其他大陆飘然而去的时候，它却基本上还是留在原地。

海洋学家在南纬 50°左右发现了一个辐合带，从南来的冷水和北来的暖水在这里汇合，形成一个独特的环状洋带，从而也证明南大洋并不是太平洋、大西洋和印度洋的简单延伸，它具有自己的独立海洋体系。

生物学家在南大洋不仅发现了一个完全独立的生态平衡体系，而且还在南极大陆内部找到了其他地方无论如何也找不到的极为原始的生命体，第一次刚走进南极冰原，就好像进入了地球的生命刚刚起源的年代。

冰川学家在南极是最有用武之地的了，南极不仅有绵延数千千米的巨大冰川，而且它们还基本保持着几十万甚至上百万年的原始状态。

全球气候变化是当今举世瞩目的重要课题，南极地区气候变化则是全球气候变化的关键区和敏感区域。气象学家在这里不仅发现影响和控制全球性气候变化的许多重要因素，而且还在封闭于冰川的气泡中取到了古空气的样品，为研究古气候的变化提供了极其宝贵的信息。同时，科学家们还希望从此发现全球气候变化前的征兆。

高空物理学家也在南极有所成就，他们发现南极的大气干净，极少污染，因而便于对高空进行观测和研究。而且，在南极上空发现的臭氧空洞更是让人类做出反省，为什么南极的臭氧洞比北极上空更显著？科学家们正在密切关注南极地区上空臭氧洞的成因以期减少对人类和自然界的危害。

宇宙学家在南极也找到了许多重要的宇宙信息。发现了大量保存完好的陨石、保存原始状态的南极特有的土壤，这些东西都是他们模拟和推测其他星球的最好的实验室。

我们知道，太阳辐射能是产生高空大气物理现象的能源。由于南极地区的太阳辐射能和地磁场与地球上其他地区迥然不同，因而，只有在南极地区上空，表征太阳辐射能的太阳风和其他高层空间中的带电能量粒子流易于进入，并通过电离层向中低层大气输送，形成一系列重要的物理现象，如极光、哨声、粒子沉降和地磁脉动等。因而，要研究上述特殊物理现象，非在南极地区不可。

南极地区对研究全球环境变化有着得天独厚的条件。南极大陆几千米厚的大冰盖，纯洁而未受到较大的变动，是反演古环境的极好地方。因而，研究全球环境变化必须以南极地区环境为基准点。

总之，南极以特有的自然和社会环境吸引着科学家们去献身，以其独到的社会价值推动着许多学科向前发展。南极的科学研究已经形成了一个完整的体系。

3. 人类最后的储藏

北极地区的自然资源相当丰富，包括不可再生的矿产资源与化石能源；可再生生物资源；以及水力、风力等恒定资源。

北极地区潜在的可采石油保守储量有 1000 亿～2000 亿桶，天然气在 50 万亿～80 万亿立方米之间。仅是 1968 年发现的坐落于阿拉斯加北坡的普鲁度湾油田，就有 90 亿～100 亿桶可采原油和 7000 亿立方米天然气。

煤炭资源储量也很可观，估计占世界煤炭资源总量的 9%，可与中国享誉海内外的煤都——山西大同相提并论。而西伯利亚的煤炭储量比中国大同、北美阿拉斯加则更大，据估计为 7000 亿吨或者更多，甚至可能超过全球储煤量的一半。

北极能源以外的矿产资源也很丰富。除了著名的世界级大铁矿喀拉半岛铁矿，还有大量的铜—镍—钚复合矿，以及金、金刚石、铀等矿藏。

从现代科学的角度看，北极的生物资源还有在当地生活的至少已有上万年历史的土著居民——爱斯基摩人、楚科奇人、雅库特人、鄂温克人和拉普人等，他们是全球人种基因库的一个重要组成部分。

南极地区的自然资源更为丰富，主要是矿产资源，其次是海洋生物资源和水资源。

美地质勘测局 1974 年初步调查认为，仅是西南极大陆架就可以开采石油 450 亿桶和 3.25 万亿立方米天然气，这几乎等于全美国的石油储量。1983 年，美国国务院的报告认为，南极洲大陆架所储存的可开采的石油可能达到几百亿桶的数量级。而在 1982 年已经证实的北海油田英国部分的石油储量也只有 198 亿桶，阿拉斯加则是 80 亿～96 亿桶。由此可见，南极的石油储量数字是相当诱人的。

南极大陆发现的储量最大的矿产可能就是铁矿了。1966 年，前苏联地质学家就在查尔斯王子山脉南部的鲁克山以北发现一个磁铁矿条带，厚约 70 米、延伸 1200 千米，平均品位为 32.1%。这样大的一个铁矿足以够全世界使用 200 年，堪称世界之最。1977 年，美国人利用航空磁测，发现在鲁克山以西地区的冰盖下面可能还有两个宽为 5.10 千米，长为 120～180 千米的带状磁铁矿床，他们可能是鲁克山以北的那个磁铁矿的冰下延伸。南极的铁矿对于人类的可持续发展肯定是具有举足轻重的作用。

南极具有很多直接出露于地表的煤田，他们主要分布在横贯山脉沿罗斯海岸一带以及西南极的埃尔斯沃斯山区。横贯山脉的煤层几厘米到几米厚，延伸不超过 1 千米。主要是一些含灰量高的低挥发性的烟煤到半无烟煤。它可能是世界上最大的煤矿矿床，其储藏量估计约达 5000 亿吨。大部分的高质量煤层可能在下三迭到中侏罗纪的大规模岩浆活动时已经被烧毁。只有在查尔斯王子山脉北部还保留了一些 2.5～3.5 米厚的质量较好的煤层。面积可达 10 万平方千米，在冰下面还有可能延伸到东南极的区域。这是目前南极发现的具有开采价值的煤矿，因为它既靠近海岸又靠近有前景的铁矿矿产。

此外，南极大陆还发现了很多的铜、钼、镍、铬、钴矿，贵金属矿（如金、银、铂等），铀、钍矿以及非金属矿产（如水晶、大理石、石墨及磷酸盐）。

磷虾是南极大洋的特殊水产资源，其蕴藏量高达几十亿到上百亿吨，它是包括鲸、企鹅、海豹等几乎所有南极海洋动物的主要食物。磷虾的营养相当的丰富，体内含有很高的蛋白质、大量的维生素及丰富的矿物质。而且他们生长在洁净的南大洋，食用很小的浮游生物，重金属含量非常低，对人类来说是一种非常理想的食物。

南极为我们提供的最重要的资源要数淡水资源了。在整个地球上，被冰雪覆盖的面积总共有 1600 万平方千米，而南极就占了 4/5 以上，储存了人类可利用淡水的 72%。其淡水总量约相当于世界其他各洲淡水总量的 200 倍，这么巨大的淡水储量是人类的宝贵财富，科学家正在设想如何把这些冰块运进非洲和其他干旱地区，以解决那里的水源不足问题。

第二节　守候最后的圣地

两极地区的资源诱惑实在是太大了，其中既有煤炭、石油、天然气等重要能源以及其他矿产资源，又有丰富的水资源、生物资源、土地资源及水力、风力资源，同时还包含交通资源、军事资源、科学资源、环境资源、旅游资源、人文资源等广义的资源等。随着人类探寻这些资源的步伐加剧，对两极的破坏也日益严重起来，如何保护人类这最后的圣地，已经成为全人类思考的问题。

1. 北极——脆弱的北极生态链

北极地区自然资源的开发，必然要影响到北极的生态环境。由于北极特殊的生存条件，生物种类和数量都很少，不可能形成如其他非极地大陆那样"稳固"的食物网链。因而北极自然生态系统的稳定性较低，一旦这样的生态平衡遭到破坏，恢复和重建是相当困难的。人们重视北极的环境保护，主要就是因为该地区脆弱生态系统的修复能力也是非常脆弱的。

此外，北极的特殊气候条件使得大部分来自北半球工业国家的大气污染物高度聚集，形成北极烟雾，不仅危害北极的植被，甚至对人类和动物的健康构成威胁。北极烟雾由悬浮在空中密度很大的固体颗粒物质组成，主要含硫化物和重金属。它能散射太阳辐射，可以把能见度由 200 千米缩短到 30 千米。

使北极居民最为担心的，还是那些突发的原油污染事件。这些采自北极的原油在运输途中泄漏以后，铺在洁净的海面上，大量的海洋动物，如海象、海豹、海狮和鲸鱼等无法呼吸和捕食而死亡，很多的鸟类也遭到了灭顶之灾。美丽而洁净的北极是北极居民赖以生存的天地，这就使得他们不仅为将来的生活倍感忧虑。

关注北极的环境保护已经是迫在眉睫，多个国家已经在此做出了充分的努力。

1911 年，美国、俄国、日本和英国共同签署了一项保护毛皮海豹的条约，规定在北纬 30°以北的太平洋里禁止捕猎海豹。1913 年，美国和英国又签订了一项保护北极和亚北极候鸟的协议。1923 年由美国和英国提出并签订的保护太平洋北部和白令海峡鱼类的协议；1931 年美国和其他 25 个国家签订的捕鲸管理条约；1946 年，共有 15 个国家签订的捕鲸管理国际条约，并成立了一个国际捕鲸委员会；1973 年，由加拿大、丹麦、挪威、前苏联和美国共同签订的北极熊保护协议；以及 1976 年由前苏联和美国签订的保护北极候鸟及其生存环境的协议……这些条约和协议对北极的某种生物保护确实是起到一定的作用，但真正对北极环境进行综合性的全面保护的条约则是《北极环境保护战略》文件。

1989 年 9 月 20 日至 26 日，根据芬兰政府的提议，在北极圈内有领土和领海的加拿大、丹麦、芬兰、冰岛、挪威、瑞典、美国和前苏联，派出代表，召开了一次咨询性会议，共同探讨了通过国际合作来保护北极环境的可能性。并于 1991 年正式签署了《北极环境保护战略》共同文件。由此产生了第一个有关北极的环境保护的国际性的协议。

1997 年 12 月 10 日在日本京都通过的《京都议定书》，对产生温室效应气体的排放量做出了规定，这在一定程度上有效的控制全球表面气温上升、冰川萎缩、极地冰盖融化等全球转暖的恶性气候变化。

2. 南极环境之梦

南极环境问题也是一个全球性的问题，其核心就是要探测和研究环境的变化以及与人类的相互关系。南极地区对环境科学以及全球变化的研究，都是至关重要的。南极地理上的特殊性决定了南极对全球的气候起到一定的控制作用，南极的科学研究已经为环境变化和全球变化提供了重要的信息。

南极的面积占到全球面积的 1/10 以上，却是人类到达最少的区域，南极的研究和开发都还是比较低的，因而其环境在某种程度上没有受到像北极地区那样的破坏。但是南极更为脆弱的生态平衡、生物生命力及纯洁的原始状态，是不能容许我们有少许破坏的。

更为重要的是，南极所特有的独一无二的自然环境对人类的生存和发展就具有非常巨大的影响和极其深远的含义，南极的环境保护因而也自然而然的成为人类普遍关注的中心问题了。南极最终只能够作为我们人类的科学研究基地。

在南极的环境保护中，《南极条约》发挥了巨大的作用，具有不可磨灭的功绩。《南极条约》1959 年 12 月 1 日订于华盛顿，1961 年 6 月 23 日生效。中国于 1983 年 6 月 8 日向美国政府交存加入书，正式成为该条约缔约国。

南极的自然环境的保护问题一直是南极条约缔约国的历次会议的中心议题。到目前为止，协商会议通过的有关保护南极环境的建议已到 170 余个。总之，《南极条约》对南极的环境保护做出了重要贡献。

我们希望南极永远保持她的这种纯洁和原始，这是我们科学研究的最后天堂。

附　录

附录 1. 北极之最

最热的天气：1993 年夏季，阿拉斯加最北端的小城巴罗（北纬71°）曾出现气温高达 34℃ 的炎热天气。

最大北极岛屿：格陵兰岛，其面积约为 217 万平方千米。

第一个到达北极点的人：美国人皮尔里，1909 年 4 月 6 日，皮尔里率领的考察队到达北极点，当时北极点的位置是在北纬 89°57′。

第一个独自一人到达北极点的人：日本探险家植树村直己。1978年，植树村直己独自驾着狗拉雪橇，完成了人类历史上第一次一个人单独到达北极点的艰难旅程。他也是目前为止唯一的只身到达北极点的亚洲人。

最先进入北极开展科学考察的中国科学家：重庆大学工学院院长冯简教授。1947 年，冯简代表中国出席巴黎国际文教会议，然后由当时中国驻挪威大使馆代办雷季敏相助，只身进入挪威的北极地区开展考察。

最先到达地球北磁极的中国科学家：武汉测绘科技大学高时浏教授。1949 年至 1951 年期间，高时浏教授曾带几名助手进入加拿大北极地区的一个无人区，进行大地测量。偶然发现了北磁极，当时的磁极位置为北纬 71°、西经 96°。

最先到达北极的中国人：1958 年 11 月，新华社驻莫斯科记者李楠，乘坐前苏联直升机，前往前苏联设在北极冰盖上的第六号浮冰站和第七号浮冰站，进行实地采访。此行中，他从空中掠过了北极点。1993 年，香港摄影家李乐诗，乘飞机在北极点降落，成为第一个抵达北极点的中国人。

附录 2. 南极之最

人类最晚发现的大陆：不过谁将是永留历史的发现者呢？英国人说 1774 年 1 月英国船长詹姆斯·库克就已经把船驶到了南纬 71°10′海域；俄国人说 1820 年 1 月 16 日，俄罗斯航海家别林斯高晋率领的探险队就发现了新大陆；挪威人认为 1895 年时，挪威的海员博尔赫格列文第一个登上了罗斯海入口处的岬口。各国众说纷纭，还是让我们记住这些历史的勇敢者吧。

海拔最高的大陆：由于南极洲表面厚厚的冰盖，使得南极洲平均海拔 2350 米，内陆高原平均海拔达 3700 米。如果剥去这层冰盖，那么平均海拔就仅有 410 米了。

最冷的大陆：南极洲年平均气温为 -25℃，4 月到 10 月的寒冷冬天，气温将会降到 -60℃。前苏联的南极"东方"站曾测到 -88.3℃的低温，挪威在南极点附近测到的最低气温则达到了 -94.5℃，这也是目前的世界最低自然气温。

冰储量最大的地区：98% 以上的南极大陆被冰层覆盖，冰层平均厚度为 1880 米，如果把陆缘冰也算上的话，陆上的冰储量可达 2400 万立方千米，占了世界冰储量的 89% 左右。

最丰富的淡水储藏地：世界上淡水总量的72%以冰雪的形式储藏在南极大陆，如果它们全部融化的话，全球的海平面将上升50米。南极大陆是名副其实的淡水仓库。

世界上最强的风暴：南极洲的平均风速为每秒17～18米，前苏联的"和平"站曾记录到每秒50米的风速，法国的南极观测站，还记录到每秒100米的瞬时风速，这种暴风是世界上测到的最大风速，其强度约为12级台风的3倍。

最干燥的大陆：由于南极洲的年平均降水量仅为55米米，使得"冰天雪地"的南极大陆成为世界上最干燥的大陆。在南极点附近的降雨量甚至每年少到3米米左右。

最大的磷虾生产地：南极磷虾的年产量估计在几亿吨到50亿吨之间，磷虾是一种营养价值极高的虾类。磷虾在南大洋的食物链中起着举足轻重的作用。

最先到达南极洲的人：挪威律师埃林·卡盖。1993年11月17日，29岁的卡盖独自一人从南极洲的伯克纳岛出发，历经50天的艰苦跋涉，全部行程1320千米。

附录3. 极地考察站与考察船

中国已在南极建了两个永久性考察站，长城站和中山站，并将在2002年9月底前后在挪威属斯瓦尔巴群岛上建设中国第一座北极科学探险考察站，开始对北极地区进行为期3年的综合科学考察。

长城站：长城站建成于1985年2月10日，位于西南极洲南设得兰群岛乔治王岛南部，地理位置为南纬62°12′59″、西经58°57′52″，站区平均海拔高度10米。现有各种建筑25座，建筑面积4200米²，各种运输工具 17 台，具有先进的通信设备、舒适的生活条件以及较为完善的科学实验室，配备有供科学研究使用的各种仪器设备。长城站每年可接纳越冬考察人员 40 名，度夏考察人员 80 名。

中山站：中山站建成于 1989 年 1 月 26 日，位于东南极大陆拉斯曼丘陵，地理位置为南纬 69°22′24″、西经 76°22′40″，区内平均海拔高度 11 米。现有各种建筑 15 座，建筑面积 2700 米^2，具有 19 台各种运输工具，先进的通信设备、舒适的生活条件、较为完备的科学实验室和供科学研究使用的各种先进仪器设备。中山站每年可接纳越冬考察人员 25 名，度夏考察人员 60 名。